全国中等职业学校电工类专业通用
全国技工院校电工类专业通用（中级技能层级）

机械知识（第六版）习题册

王　欣　主编

中国劳动社会保障出版社

简　介

本习题册为全国中等职业学校电工类专业通用教材/全国技工院校电工类专业通用教材（中级技能层级）《机械知识（第六版）》的配套用书。本习题册按照教材章节顺序编写，内容紧扣教学要求，知识点分布均衡，题型丰富多样，习题难易适中，有助于学生复习巩固所学知识。

本习题册由王欣任主编，王希波参与编写，王继武任主审。

图书在版编目(CIP)数据

机械知识（第六版）习题册／王欣主编. -- 北京：中国劳动社会保障出版社，2020
全国中等职业学校电工类专业通用　全国技工院校电工类专业通用. 中级技能层级
ISBN 978-7-5167-4747-6

Ⅰ. ①机…　Ⅱ. ①王…　Ⅲ. ①机械学-中等专业学校-习题集　Ⅳ. ①TH11-44

中国版本图书馆 CIP 数据核字(2020)第 241050 号

中国劳动社会保障出版社出版发行

（北京市惠新东街 1 号　邮政编码：100029）

*

涿州市星河印刷有限公司印刷装订　　新华书店经销

787 毫米×1092 毫米　16 开本　7 印张　146 千字

2020 年 12 月第 1 版　　2025 年 11 月第 9 次印刷

定价：14.00 元

营销中心电话：400-606-6496

出版社网址：http://www.class.com.cn

http://jg.class.com.cn

目录

第五章　常用机构

第六章　轴系零件

第七章　液压传动

第八章　气压传动

第九章　机械加工基础

绪　论

一、填空题（将正确答案填写在横线上）

1. 机械是人们在________中创造并不断发展的，用来降低________、减轻________或提高________的工具或装置。

2. 机械是________与________的总称。

3. 常见的机器有________的机器、________的机器和________的机器等。

4. 机器的组成大致相同，一般都由________、________、________和________等组成。

5. 零件是机器及各种设备中最小的________。

6. 台钻钻头的升降机构是通过旋转________，使齿轮旋转，带动齿条上下运动，实现________的升降。

7. 机械零件的主要失效形式有________、________、________和破坏正常工作条件引起的失效等。

二、判断题（正确的在括号内打“√”，错误的打“×”）

1. 构件是制造的单元，零件是运动的单元。（　　）

2. 构件是组成机构的各个相对运动的实体。（　　）

3. 对机械的基本要求包括使用功能要求、经济性要求、劳动保护和环境保护要求等。（　　）

三、选择题（将正确答案的序号填在括号内）

1. 机器中，（　　）的作用是把其他形式的能量转变成机械能，以驱动机器各部分运动。

A. 动力部分　　B. 传动部分

C. 执行部分　　D. 控制部分

2. （　　）是原动机到工作机构之间的联系机构，用以完成运动和动力的传递与转换。

A. 动力部分　　B. 传动部分

C. 执行部分　　D. 控制部分

3. （　　）机器用来获取或处理各种信息。例如，复印机、打印机、扫描仪等。

A. 动力　　B. 加工

C. 运输　　D. 信息

四、简答题

1．什么是机器？什么是机构？机器与机构的区别主要是什么？

2．对机械的基本要求有哪些？

3．常用的金属材料有哪些？

第一章　带传动和链传动

§1-1　带传动的基本原理和特点

一、填空题（将正确答案填写在横线上）

1. 带传动是利用带作为________来传递运动和动力的一种传动方式。按传动原理不同，带传动分为________型带传动和________型带传动。

2. 传动比是指________与________之比。

3. 常用的带传动有________、________和________三种形式。

4. 平带传动的形式有________传动、________传动和________传动三种。

5. 包角是指带与带轮接触弧长所对应的________。工程应用中，小带轮的包角一般不得小于________。

二、判断题（正确的在括号内打“√”，错误的打“×”）

1. 带传动是依靠带对从动轮的拉力来传递运动和动力的。（　　）

2. 带传动中的包角通常是指小带轮的包角。（　　）

3. 带传动的传动比准确。（　　）

4. 同步齿形带是依靠带和带轮之间的摩擦力来传递运动和动力的。（　　）

三、选择题（将正确答案的序号填在括号内）

1. 摩擦型带传动的特点是（　　）。

A. 传动比不准确　　B. 瞬间传动比准确　　C. 传动比准确

2. 在相同条件下，平带的传动能力（　　）V 带的传动能力。

A. 大于　　B. 小于　　C. 等于

四、简答题

1. 带传动的特点是什么?

2. 如何确定带传动的传动比?

§1-2 V 带 传 动

一、填空题（将正确答案填写在横线上）

1. V 带传动属于__________型带传动。

2. V 带的横截面形状是__________，其两侧面之间的夹角通常为__________。根据抗拉体的不同，分为__________和__________两种。

3. V 带型号有________、________、________、________、________、______和________七种。其中，________型横截面最小，承载能力__________；________型横截面最大，承载能力__________。

4. V 带表面上印有 Z1420 GB/T 1171，它表示该 V 带是__________，基准长度是__________ mm。

5. V 带传动比越大，则两 V 带轮的直径差__________。

6. 为了保证满足正常传动要求，V 带传动比一般不大于__________。

7. V 带轮的轮槽角一般取__________。

8. V 带轮的典型结构有__________、__________、__________和__________四种。

9. 带传动的张紧方法有________________和________________两种。

10. 安装 V 带轮时，两 V 带轮的轴线应保持__________，两 V 带轮轮槽的对称平面应__________。

11. 窄 V 带的楔角 α 为____________，相对高度（h/b）为____________。

二、判断题（正确的在括号内打“√”，错误的打“×”）

1. V 带的横截面为等腰梯形，其楔角为 34°~38°。（　　）

2. 绳芯结构的 V 带柔韧性好，适用于转速较高的场合。（　　）

3. 在一组 V 带中，若有一根损坏，必须成组更换。（　　）

4. V 带传动时，两轮的转向相同。（　　）

5. V 带传动是依靠 V 带的内表面与 V 带轮接触产生摩擦力来传递运动和动力的。（　　）

6. V 带传动不能用于两轴线空间交错的传动场合。（　　）

7. 关于传动比 $i\neq1$ 的带传动，两带轮直径不变，中心距越大，小带轮的包角就越大。（　　）

8. 限制普通 V 带传动中带轮最小基准直径的主要目的是减小传动时 V 带的弯曲应力，以提高 V 带的使用寿命。（　　）

9. 考虑到 V 带弯曲时横截面的变形，V 带轮的轮槽角应小于 V 带的楔角。（　　）

三、选择题（将正确答案的序号填在括号内）

1. V 带传动的包角通常要求（　　）120°。

A. 不小于　　B. 等于　　C. 不大于

2. 在中心距不变的情况下，两带轮直径差越大，小带轮的包角（　　）。

A. 越大　　B. 越小　　C. 不变

3. 为了便于使用，取 V 带的（　　）作为它的标记长度。

A. 内周长度　　B. 外周长度　　C. 基准长度

4. 带轮直径越小，带的使用寿命就越（　　）。

A. 短　　B. 长　　C. 不影响

5. 下列选项中，V 带在带轮轮槽中的位置正确的是（　　）。

A.　　B. 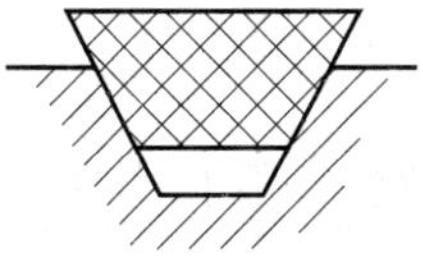　　C.

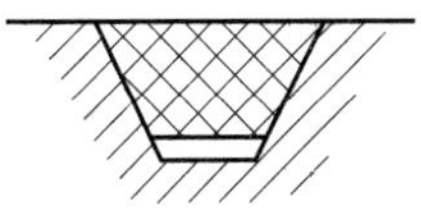

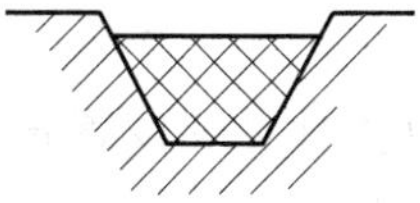

6. 下列 V 带传动中，属于正确使用张紧轮的是（　　）。

A.　　B.

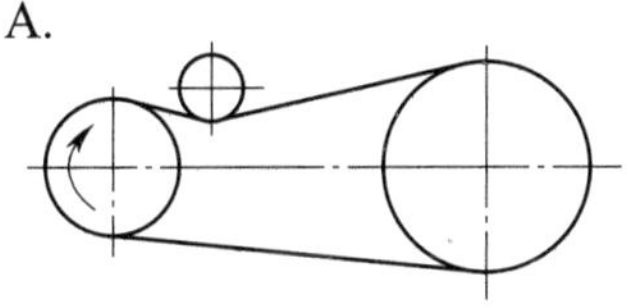

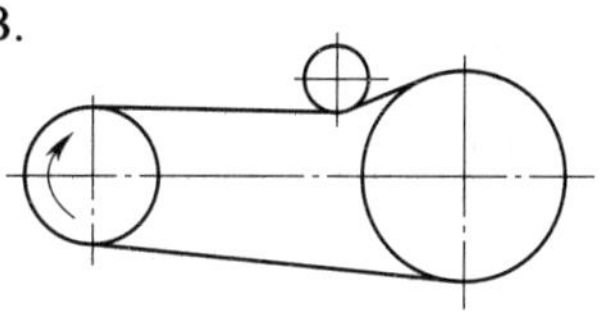

C. 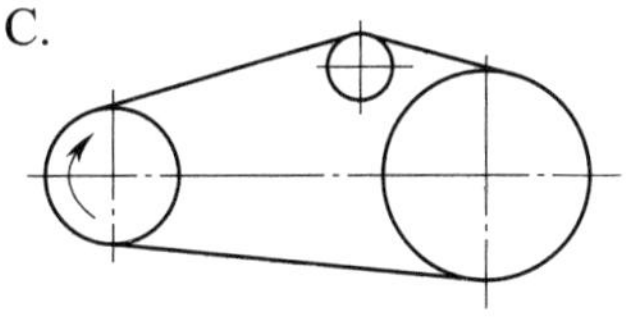　　D.

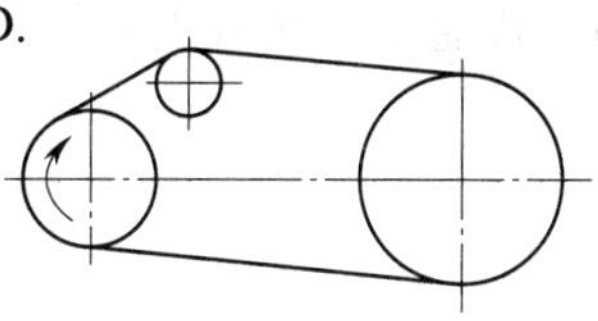

7. 带轮基准直径大于 300 mm 时，可采用（　　）V 带轮。

A. 实心式　　B. 孔板式　　C. 轮辐式

8. 实践表明，在中等中心距情况下，V 带安装后，用拇指能将带按下（　　）mm 左右，则张紧程度合适。

A. 5　　B. 15　　C. 25

四、简答题

1. 简述 V 带节线、节面、节宽和基准长度的概念。

2．为什么V带轮的轮槽角要比V带的楔角小？

3．带传动为什么要设置张紧装置？一般有哪些形式？

4．普通V带传动的使用和维护有哪些注意事项？

5．普通V带传动时的速度为什么不能太大或太小？一般应在什么范围内取值？

6. 解释V带标记“B2300 GB/T 1171”的含义。

§1-3 链 传 动

一、填空题（将正确答案填写在横线上）

1. 链传动是以__________作为中间挠性件来传递动力的，它属于__________传动。

2. 在机械传动中，常用的传动链是__________，它由__________、__________、__________、__________和__________组成。

3. 链传动的______________准确，__________能力大，效率__________，多用于平稳性要求__________，中心距__________的场合。

4. 链条的相邻两销轴中心线之间的距离称为__________，以符号__________表示。其数值越大，承载能力越__________，但链传动的结构尺寸也会相应__________，传动的振动、冲击和噪声也越__________。

5. 当链节数为偶数时，链条的接头处可用__________或__________锁定；当其为奇数时，用__________锁定。

6. 滚子链的长度用__________表示，一般取__________。

7. 为保证链传动的正常工作，两链轮轴线应____________，且两链轮位于__________________。

二、判断题（正确的在括号内打“√”，错误的打“×”）

1. 链传动时，两链轮的转向相反。（　　）

2. 链传动是通过链节与链轮齿间不断啮合和脱开来传递运动和动力的。（　　）

3. 在滚子链中，滚子与轮齿接触产生滑动摩擦力。（　　）

4. 与带传动相比，链传动的传动效率较高。（　　）

三、选择题（将正确答案的序号填在括号内）

1. 链传动属于（　　）传动。

A. 摩擦　　　　B. 啮合

2. 设链传动的主动链轮有50个齿，从动链轮有100个齿，则当主动链轮转1周时，从动链轮转（　　）周。

A. 1　　　　B. 0.5　　　　C. 2

3. 高速、大功率场合下，应选用（　　）。

A. 大节距的单排链

B. 小节距的双排链或多排链

C. 小节距的单排链

四、简答题

1. 滚子链由哪些零件组成？为什么链节数应尽量选取偶数？

2. 解释滚子链标记“08A—2”的含义。

五、计算题

有一链传动，已知两链轮的齿数分别为 $z_1=20$，$z_2=50$，求其传动比 i_{12}；若主动链轮转速 $n_1=800$ r/min，求从动链轮转速 n_2。

第二章　螺纹连接和螺旋传动

§2－1　螺 纹 连 接

一、填空题（将正确答案填写在横线上）

1．螺纹连接是一种依靠__________起作用的连接。

2．普通螺纹的主要参数有__________、__________、__________、__________、__________和__________。

3．管螺纹按螺纹密封方式分为____________________和____________________两类。

4．普通螺纹分为__________和__________两种形式。

5．普通螺纹的完整标记由__________、__________、____________________及其他有必要做进一步说明的信息（如旋合长度代号、旋向等）组成。

6．螺纹标记 M24×1.5—LH，表示螺纹的牙型为______________，公称直径为__________，螺距为__________，旋向为__________。

7．螺纹标记 $Rp1\frac{1}{2}LH$，表示尺寸代号为__________的____________________螺纹，且为__________密封。

8．螺纹标记 $G1\frac{1}{2}A$，表示尺寸代号为__________的____________________螺纹，且为__________密封。

9．常用的螺纹连接的防松方法有____________________、____________________和____________________三种形式。

10．常用螺纹连接件有____________、____________、____________、____________、____________和____________等。

二、判断题（正确的在括号内打“√”，错误的打“×”）

1．普通螺纹的标准牙型角为60°。（　　）

2．螺纹标记 $R_1 1\frac{1}{2}$ 表示55°密封管螺纹。（　　）

3．螺钉连接一般用于不通孔连接且不必经常拆卸的场合。（　　）

4．垫圈的主要作用是防松。（　　）

5．细牙螺纹的强度比粗牙螺纹的强度大。（　　）

6．螺栓连接和双头螺柱连接都用于两被连接件上均为通孔的场合。（　　）

7. 紧定螺钉连接只能用来保持两零件的相互位置不变。（　　）

8. 双螺母防松属于机械元件防松。（　　）

9. 非密封管螺纹的内螺纹的公差等级有 A、B 两级。（　　）

10. 螺栓、螺母、垫圈等都是标准化通用零件。（　　）

三、选择题（将正确答案的序号填在括号内）

1. 普通螺纹的公称直径是指（　　）。

A. 螺纹小径　B. 螺纹中径　C. 螺纹大径

2. 螺纹连接中利用摩擦力防松的方法为（　　）。

A. 弹簧垫圈防松　B. 止动垫圈防松

C. 铆接防松　D. 串联钢丝防松

3. 图 2－1 所示的螺纹为（　　）螺纹。

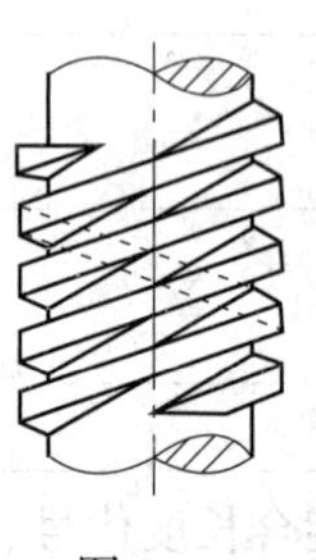

图 2－1

A. 单线左旋　B. 单线右旋

C. 双线左旋　D. 三线右旋

4. 图 2－2 所示的螺纹为（　　）螺纹。

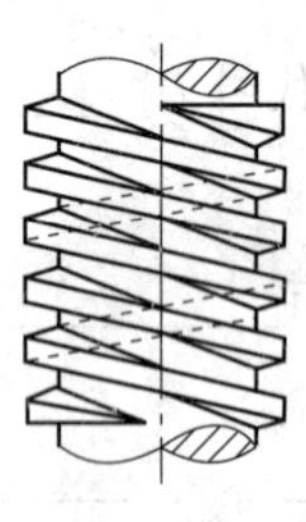

图 2－2

A. 单线左旋　B. 单线右旋

C. 双线左旋　D. 双线右旋

5. 下列各标记中，表示细牙普通螺纹的是（　　）。

A. M20　B. M36×3

C. G1$\frac{1}{2}$　D. G1$\frac{1}{2}$B—LH

四、简答题

1. 怎样判别螺纹的旋向？

2. 普通螺纹的主要参数有哪些？其定义分别是什么？

3. 螺纹连接的类型有哪些？各用于什么场合？

4. 为什么要考虑螺纹的防松问题？常见的螺纹连接防松方法有哪些？

§2－2　螺旋传动

一、填空题（将正确答案填写在横线上）

1．螺旋传动是由＿＿＿＿＿、＿＿＿＿＿和＿＿＿＿＿组成，利用＿＿＿＿＿将＿＿＿＿＿运动转变为＿＿＿＿＿运动，同时传递＿＿＿＿＿的一种机械传动。

2．常用的螺旋传动有＿＿＿＿＿＿＿＿、＿＿＿＿＿＿＿＿和＿＿＿＿＿＿＿＿。

3．普通螺旋传动的应用形式有＿＿＿＿＿＿＿＿＿＿＿＿＿＿＿＿＿＿＿＿、＿＿＿＿＿＿＿＿＿＿＿＿＿＿＿＿＿＿、＿＿＿＿＿＿＿＿＿＿＿＿＿＿＿＿＿＿和＿＿＿＿＿＿＿＿＿＿＿＿＿＿＿＿＿＿四种。

4．差动螺旋传动是由两个＿＿＿＿＿组成的使＿＿＿＿＿＿＿＿与＿＿＿＿＿＿产生差动的螺旋传动。

5．滚珠螺旋传动主要由＿＿＿＿＿、＿＿＿＿＿、＿＿＿＿＿和＿＿＿＿＿＿＿组成。按滚珠循环方式不同，可分为＿＿＿＿＿＿式和＿＿＿＿＿＿式两种。

6．旋向＿＿＿＿＿＿的差动螺旋传动中，活动螺母可以产生＿＿＿＿＿＿，因此可以方便地实现微量调节。

二、判断题（正确的在括号内打“√”，错误的打“×”）

1．普通螺旋传动摩擦阻力小、传动效率高、工作平稳、动作灵敏，适用于传动精度要求较高的场合。（　　）

2．差动螺旋传动可以产生很小的位移，能方便地实现微量调节。（　　）

3．螺旋传动常将主动件的匀速直线运动转变为从动件的匀速回转运动。（　　）

4．在普通螺旋传动中，从动件运动的方向不仅与主动件的回转方向有关，还与螺纹的旋向有关。（　　）

5．在普通螺旋传动中，螺杆（或螺母）的移动距离与螺纹的螺距有关，而与螺纹的线数无关。（　　）

6．差动螺旋传动可以产生很小的位移，但要求螺杆上两段螺纹的旋向相反。（　　）

7．旋向相同的差动螺旋传动中，活动螺母可以产生极小的位移，因此可以用于需快速移动的装置中。（　　）

三、选择题（将正确答案的序号填在括号内）

1．机床进给机构采用双线螺纹，螺距为4 mm，若螺杆转4周，则螺母（刀具）的位移量是（　　）mm。

A．4　　　B．16　　　C．32

2．普通螺旋传动中，从动件的运动方向与（　　）有关。

A．主动件的回转方向

B．螺纹的旋向

C．主动件的回转方向和螺纹的旋向

3．（　　）螺旋传动具有摩擦阻力小、摩擦损失小、传动效率高、工作平稳、传动精度高、动作灵敏等优点。

A. 普通 B. 差动 C. 滚珠

4. 在普通螺旋传动中，螺杆相对螺母每回转一周，螺杆（或螺母）移动一个（ ）的距离。

A. 公称直径 B. 螺距 C. 导程

5. 桌虎钳底座夹紧装置采用了（ ）的传动形式。

A. 螺母固定不动，螺杆回转并做直线运动

B. 螺杆固定不动，螺母回转并做直线运动

C. 螺杆原位回转，螺母做直线运动

D. 螺母原位回转，螺杆做直线运动

6. 螺旋千斤顶采用了（ ）的传动形式。

A. 螺母固定不动，螺杆回转并做直线运动

B. 螺杆固定不动，螺母回转并做直线运动

C. 螺杆原位回转，螺母做直线运动

D. 螺母原位回转，螺杆做直线运动

7. 桌虎钳夹紧工作机构采用了（ ）的传动形式。

A. 螺母固定不动，螺杆回转并做直线运动

B. 螺杆固定不动，螺母回转并做直线运动

C. 螺杆原位回转，螺母做直线运动

D. 螺母原位回转，螺杆做直线运动

8. 应力试验机上的观察镜螺旋调整装置采用了（ ）的传动形式。

A. 螺母固定不动，螺杆回转并做直线运动

B. 螺杆固定不动，螺母回转并做直线运动

C. 螺杆原位回转，螺母做直线运动

D. 螺母原位回转，螺杆做直线运动

9. 当用公式计算差动螺旋传动中活动螺母的实际移动距离和方向时，若计算结果为正，则活动螺母的实际移动方向与螺杆移动方向（ ）。

A. 相反 B. 相同 C. 相向

10. 许多现代机械（如数控机床）中多采用（ ）螺旋传动。

A. 普通 B. 差动 C. 滚珠

四、简答题

1. 如何判定普通螺旋传动中螺杆或螺母的移动方向？如何计算移动距离？

2. 什么是差动螺旋传动？利用差动螺旋传动实现微量调节对两段螺纹的旋向有什么要求？

3. 在差动螺旋传动中，如何计算活动螺母的移动距离？如何判定活动螺母的移动方向？

五、计算题

1. 有一单线螺旋传动，螺距为 6 mm，欲使螺母移动 0. 24 mm，则螺杆应转多少周？

2. 有一普通螺旋传动机构，双线螺杆驱动螺母做直线运动，螺距为 6 mm，求：

（1）螺杆转 2 周时，螺母的移动距离。

（2）螺杆转速为 25 r/min 时，螺母的移动速度。

3. 图 2－3 所示的差动螺旋传动中，螺旋副 a 的导程 $P_{ha}=2$ mm，左旋；螺旋副 b 的导程 $P_{hb}=2.5$ mm，左旋，则：

（1）当螺杆按图示方向转 0.5 周时，活动螺母相对导轨移动多少距离？其方向如何？

（2）若螺旋副 b 改为右旋，当螺杆按图示方向转 0.5 周时，活动螺母相对导轨移动多少距离？其方向如何？

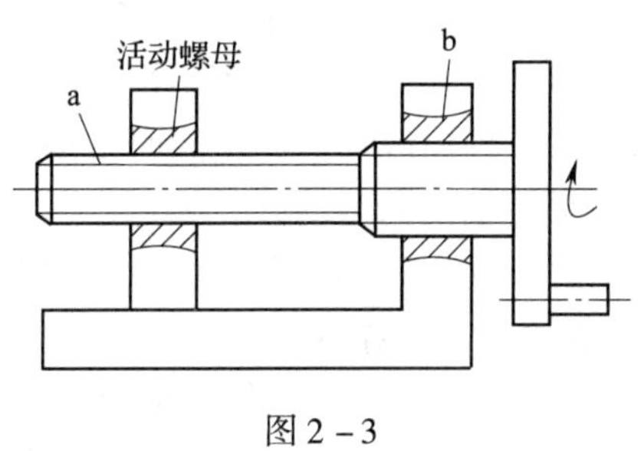

图 2－3

第三章　齿 轮 传 动

§3－1　齿轮传动概述

一、填空题（将正确答案填写在横线上）

1．齿轮传动是利用__________传递运动的传动方式，它用来传递任意位置两轴间的__________和__________。

2．齿轮传动按啮合方式不同分为____________________、____________________和____________________三种。

3．齿轮传动按齿轮的齿向不同分为____________________、____________________和____________________三种。

4．目前，我国应用的绝大多数齿轮采用的是__________齿廓。

5．取同一基圆上形成的两条反向（对称）渐开线上的一小段作齿轮的__________，这样的齿轮就是渐开线齿轮。

二、判断题（正确的在括号内打“√”，错误的打“×”）

1．渐开线齿廓可以保证传动比在任何时候都是恒定的。（　　）

2．齿轮齿廓曲线采用任意一种曲线都能满足瞬时传动比恒定的要求。（　　）

3．齿轮传动只能传递两平行轴间的运动。（　　）

4．齿轮传动与链传动均属于啮合传动，两者的传动效率均较高。（　　）

三、选择题（将正确答案的序号填在括号内）

1．齿轮传动能保证准确的（　　），所以传动平稳、工作可靠。

A．平均传动比　　B．瞬时传动比　　C．传动比

2．直齿锥齿轮传动属于（　　）的齿轮传动。

A．两轴平行　　B．两轴相交　　C．两轴交错

3．形成齿轮渐开线的圆是（　　）。

A．分度圆　　B．齿顶圆

C．基圆　　D．节圆

四、简答题

1．齿轮传动的基本特点有哪些？

2. 渐开线是如何形成的？

§3－2 标准直齿圆柱齿轮传动

一、填空题（将正确答案填写在横线上）

1. 齿数相同的齿轮，模数越大，齿轮的几何尺寸越__________，齿厚也越__________。

2. 在分度圆上，标准直齿圆柱齿轮的__________和__________相等。

3. 在齿轮端面上，两个____________________之间的分度圆弧长，称为齿距。

4. 有一标准直齿圆柱齿轮，其模数 $m=2$ mm，齿数 $z=26$，则分度圆直径 $d=$______ mm，齿距 $p=$______ mm。

5. 压力角是齿轮的__________之一，用字母__________表示，其标准值是__________。

6. 一对标准直齿圆柱齿轮的正确啮合条件是__________________________，即________________________。

二、判断题（正确的在括号内打“√”，错误的打“×”）

1. 有一对传动齿轮，已知主动轮的转速 $n_1=960$ r/min，齿数 $z_1=20$，从动轮的齿数 $z_2=50$，则这对齿轮的传动比 $i_{12}=2.5$，从动轮的转速为 $n_2=2\ 400$ r/min。（　　）

2. 不同齿数和模数的标准渐开线齿轮，其分度圆上的压力角不同。（　　）

3. 分度圆可定义为齿轮上具有标准模数和标准压力角的圆。（　　）

4. 模数 m 表示齿轮齿形的大小，它是没有单位的。（　　）

5. 模数 m 越大，轮齿的承载能力越强。（　　）

6. 标准直齿圆柱齿轮传动中，主动轮的转速与从动轮的转速之比等于主动轮分度圆直径与从动轮分度圆直径之比。（　　）

7. 大、小齿轮的齿数分别为 84 和 42，当两齿轮啮合传动时，大齿轮转速高，小齿轮转速低。（　　）

三、选择题（将正确答案的序号填在括号内）

1. 标准直齿圆柱齿轮分度圆上的齿厚（　　）齿槽宽。

A. 大于　　B. 小于　　C. 等于

2. 渐开线齿廓上各点的压力角（　　）。

A. 相等　　B. 不相等　　C. 基本相等

3. 我国齿轮的标准压力角为（　　）。

A. 20°　　B. 15°　　C. 14°30′

4. 对于模数相同的齿轮，如果齿数增加，齿轮的几何尺寸（　　）。

A. 增大　　B. 减小　　C. 没有变化

5. 下列关于模数 m 的说法正确的是（　　）。

A. 模数 m 等于齿距除以 π 所得到的商，是一个无单位的量

B. 模数 m 是齿轮几何尺寸计算中最基本的一个参数

C. 模数一定时，齿轮的几何尺寸与齿数无关

D. 模数一定时，齿轮的齿距 p 不变，不同齿数的齿轮的基圆半径不变，轮齿的齿形相同

6. 已知下列各标准直齿圆柱齿轮的参数：齿轮 1，$z_1=72$，$d_{a1}=222$ mm；齿轮 2，$z_2=72$，$h_2=22.5$ mm；齿轮 3，$z_3=22$，$d_{f3}=156$ mm；齿轮 4，$z_4=22$，$d_{a4}=240$ mm。则可正确啮合的一对齿轮是（　　）。

A. 齿轮 1 和齿轮 2　　B. 齿轮 1 和齿轮 3

C. 齿轮 2 和齿轮 4　　D. 齿轮 3 和齿轮 4

7. 一对外啮合的标准直齿圆柱齿轮，中心距 $a=160$ mm，齿轮的齿距 $p=12.56$ mm，传动比 $i=3$，则两齿轮的齿数和为（　　）。

A. 60　　B. 80

C. 100　　D. 120

四、简答题

1. 直齿圆柱齿轮的基本参数有哪些？其定义分别是什么？

2. 什么样的齿轮是标准直齿圆柱齿轮？

五、计算题

1. 已知一标准直齿圆柱齿轮，$m=10$ mm，$z=20$，求齿距 p、分度圆直径 d。

2. 现需要一对传动比 $i=3$ 的标准直齿圆柱齿轮，于是从备件库中找到两个压力角 $\alpha=20°$的标准直齿圆柱齿轮，经测量，齿数 $z_1=20$，$z_2=60$，齿顶圆直径 $d_{a1}=66$ mm，$d_{a2}=186$ mm。则这两个齿轮是否能配对使用？为什么？

3. 机床因超负荷运转，将一对啮合的标准直齿圆柱齿轮打坏，现仅测得其中一个齿轮的齿顶圆直径为 96 mm，齿根圆直径为 82. 5 mm，两齿轮中心距为 135 mm。求两齿轮的齿数和模数。

4. 某厂工人进行技术革新，找到两个标准直齿圆柱齿轮，测得小齿轮的齿顶圆直径为 115 mm，因大齿轮太大，只测出其齿高为 11. 25 mm，两齿轮的齿数分别为 21 和 98。试判断两齿轮是否可以正确啮合。

§3-3 其他类型齿轮传动

一、填空题（将正确答案填写在横线上）

1. 齿线为________的圆柱齿轮称为斜齿圆柱齿轮。

2. 在斜齿圆柱齿轮上，垂直于__________的平面称为法平面。

3. 一对标准斜齿圆柱齿轮的正确啮合条件是两齿轮的________和________分别相等，齿轮的螺旋角大小相等，但旋向________（外啮合）。

4. 一对直齿锥齿轮的正确啮合条件是两齿轮的_________和_________分别相等。

5. 在蜗轮蜗杆传动中，一般主动件是________，从动件是________。

6. 在蜗轮蜗杆传动中，通过蜗杆轴线且垂直于蜗轮轴线的平面，称为__________。

7. 蜗轮的旋转方向不仅与蜗杆的旋向有关，而且还与蜗杆的________方向以及它们间的相对________有关。

8. 判断蜗轮旋转方向的方法是：当蜗杆是右旋时，用________半握拳，四个手指弯曲，顺着蜗杆的________方向，这时与拇指指向________的方向，就是蜗轮的旋转方向；当蜗杆是________时，就用_______法则判断。

9. 常用的蜗杆是___________蜗杆，其轴向齿廓为________。在蜗轮蜗杆传动的中间平面内，蜗杆和蜗轮的啮合相当于________和________的啮合。

10. 与直齿圆柱齿轮相比，斜齿圆柱齿轮传动________，承载能力________，但传动时有________。

二、判断题（正确的在括号内打“√”，错误的打“×”）

1. 斜齿轮具有两种模数，以端面模数作为标准模数。（　）

2. 一对内啮合的斜齿圆柱齿轮，它们的旋向是相同的。（　）

3. 对于标准直齿锥齿轮，规定以小端的几何参数作为其标准值。（　）

4. 一对啮合的蜗轮蜗杆，它们的旋向是相反的。（　）

5. 蜗轮蜗杆传动可以获得很大的传动比。（　）

6. 在蜗轮蜗杆传动中，蜗杆的导程角和蜗轮的螺旋角相等。（　）

7. 为了使蜗轮转速降低一半，可以不更换蜗轮，而采用双头蜗杆代替原来的单头蜗杆。（　）

8. 直齿锥齿轮用于相交轴齿轮传动，两轴的交角可以是90°，也可以不是90°，一般多用于两轴垂直相交成90°的场合。（　）

9. 蜗轮蜗杆传动具有传动比大、承载能力大、传动效率高的特点。（　）

10. 蜗轮蜗杆传动的传动比与蜗杆头数、蜗轮齿数成正比。（　）

三、选择题（将正确答案的序号填在括号内）

1. 对于标准直齿锥齿轮，通常只计算（　）的几何尺寸，并规定（　）的几何参数为标准值。

A．大端　　B．小端

2．蜗轮蜗杆传动的中间平面通过（　　）且垂直于（　　）。

A．蜗杆轴线　　B．蜗轮轴线

C．蜗杆端面　　D．蜗轮端面

3．在蜗轮齿数不变的情况下，蜗杆头数（　　），则传动比大。

A．多　　B．少　　C．不变

4．在蜗轮蜗杆传动中，蜗杆的（　　）模数和蜗轮的（　　）模数应相等，并为标准值。

A．轴向　　B．法向　　C．端面

5．图 3－1 中，齿轮 1 为（　　）圆柱齿轮，齿轮 2 为（　　）圆柱齿轮。

A．左旋斜齿　　B．右旋斜齿　　C．直齿

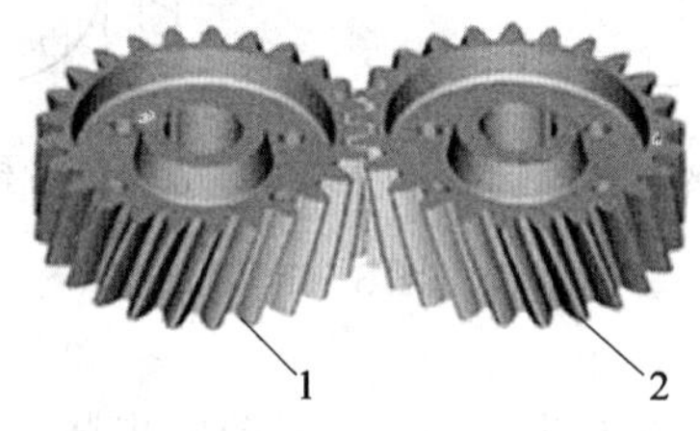

图 3－1

四、简答题

1．何谓螺旋角？一般用什么符号表示？

2．何谓蜗杆导程角？一般用什么符号表示？

3．简述蜗轮回转方向的判定方法。

五、作图题

画出图 3－2 所示蜗杆、蜗轮的旋向或转向。

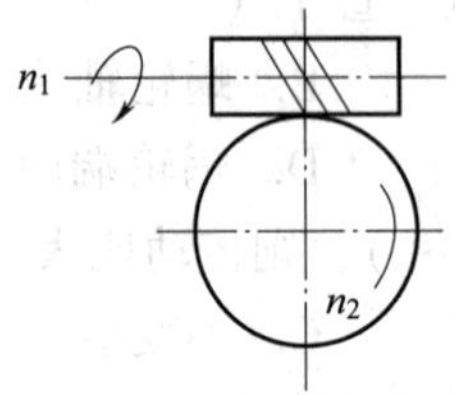

a）判定蜗轮n_2回转方向

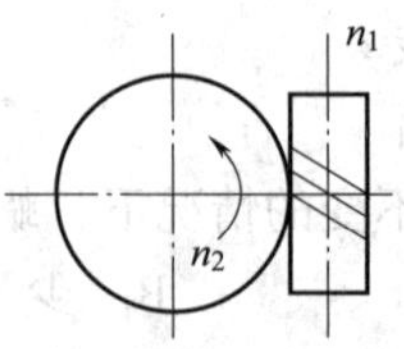

b）判定蜗杆n_1回转方向

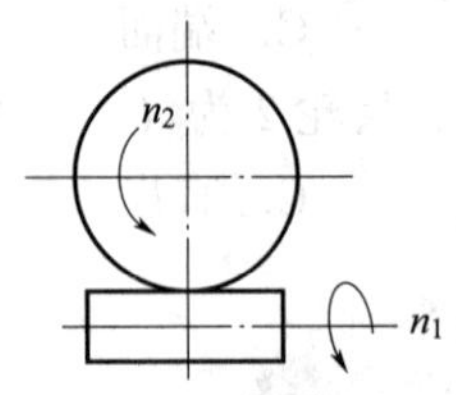

c）判定蜗杆旋向

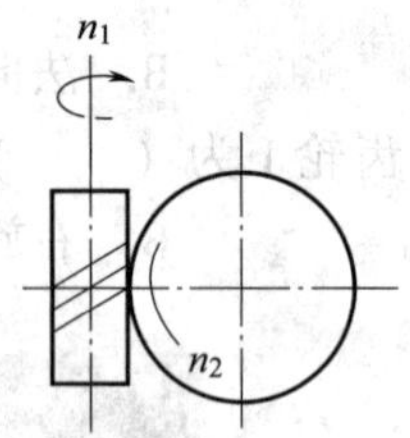

d）判定蜗轮n_2回转方向

图 3－2

六、计算题

1. 一对标准直齿锥齿轮的传动比为 3，主动轮齿数 $z_1=30$，转速 $n_1=960$ r/min，求从动轮齿数 z_2和转速 n_2。

2. 已知蜗轮蜗杆传动中，蜗杆头数 $z_1=3$，转速 $n_1=1\ 380$ r/min，则：

（1）若蜗轮齿数 $z_2=69$，求蜗轮转速 n_2。

（2）若蜗轮转速 $n_2=45$ r/min，求蜗轮齿数 z_2。

§3-4 齿轮的结构、材料、润滑与失效

一、填空题（将正确答案填写在横线上）

1. 齿轮传动过程中，常见的失效形式有__________、__________、__________、__________和__________等。

2. 轮齿长期工作后经过多次反复的弯曲，会使齿根发生疲劳________。

3. 减轻齿面磨损的方法主要有：提高__________，减小__________，采用__________，改善__________和__________等。

4. 齿轮常用的材料有__________、__________、________、铸铁和非金属材料等。

5. 开式齿轮传动中主要的失效形式是__________和__________，闭式齿轮传动中主要的失效形式是__________和__________。

6. 齿轮的常用结构形式有__________、__________、__________和__________四种。

7. 钢制齿轮的热处理方法主要有__________、__________、__________、__________、__________等。

8. 当 $v<12$ m/s 时，闭式齿轮传动的润滑方式应采用__________。

9. 开式齿轮传动通常采用人工定期润滑，可采用__________或__________。

二、判断题（正确的在括号内打“√”，错误的打“×”）

1. 齿轮传动的失效主要是轮齿的失效。（　）
2. 轮齿发生点蚀后，会造成传动不平稳，并产生噪声。（　）
3. 轮齿折断是开式齿轮传动和软齿面闭式齿轮传动的主要失效形式之一。（　）
4. 齿面点蚀是开式齿轮传动的主要失效形式。（　）
5. 适当提高齿面硬度，可以有效防止或减缓齿面磨损。（　）
6. 当齿面磨损严重时，会引起传动不平稳和冲击。（　）
7. 选择合适的材料及齿面硬度、减小表面粗糙度值等方法可以有效防止点蚀。（　）
8. 尽量避免频繁启动和过载是有效防止齿面磨损的措施之一。（　）
9. 齿轮一般采用锻件或铸铁制造。（　）
10. 对高速、轻载而又要求低噪声的齿轮传动，可采用非金属材料。（　）
11. 良好的润滑能提高齿轮的传动效率，延缓轮齿失效，延长齿轮的使用寿命。（　）
12. 开式齿轮传动通常采用人工定期加油润滑，闭式齿轮传动多采用油池润滑。（　）

三、选择题（将正确答案的序号填在括号内）

1. 齿轮传动时，由于接触表面裂纹扩展，使表层上小块金属脱落，形成麻点和斑

坑，这种现象称为（　　）；较软轮齿的表面金属被熔焊在另一轮齿的齿面上，形成沟痕，这种现象称为（　　）。

A. 齿面点蚀　　B. 齿面磨损　　C. 齿面胶合

2. 在（　　）齿轮传动中，容易发生齿面磨损。

A. 开式　　B. 闭式　　C. 开式与闭式

3. 选择适当的模数和齿宽，是防止（　　）的措施之一。

A. 齿面点蚀　　B. 齿面磨损　　C. 轮齿折断

4. 无防尘罩或机壳的低速传动齿轮，可采用（　　）。

A. 铸钢　　B. 夹布胶木　　C. 灰铸铁或球墨铸铁

5. 当 $v>12$ m/s 时，闭式齿轮传动的润滑方式应采用（　　）。

A. 人工定期加油润滑　　B. 喷油润滑

C. 油池润滑

6. 良好的润滑能起到（　　）的作用。

A. 增大摩擦　　B. 降低噪声　　C. 提高承载能力

四、简答题

1. 齿轮传动中的齿面点蚀是怎样发生的？应如何避免产生齿面点蚀？

2. 齿轮传动中的齿面胶合是怎样发生的？应如何避免产生齿面胶合？

第四章　轮　　系

§4－1　轮系的种类及其功用

一、填空题（将正确答案填写在横线上）

1．由一系列相互啮合的齿轮组成的传动装置，称为__________。

2．根据轮系在运转时各齿轮的轴线是否固定，轮系可分为___________和__________两种基本形式。

3．凡是在轮系运转时，各轮的轴线在空间的位置都__________的轮系称为定轴轮系。按各轴的轴线是否平行，其又可分为____________定轴轮系和____________定轴轮系。

4．采用定轴轮系传动，只要根据使用要求适当增加相互啮合的齿轮副数量，便可获得________________而不会使传动装置的结构增大。

5．在轮系中与_______________无关，只影响___________________的齿轮，称为惰轮。

二、判断题（正确的在括号内打“√”，错误的打“×”）

1．定轴轮系可连接相距较远的两传动轴。（　　）

2．齿轮的轴线位置均不固定，但啮合齿轮副的数量需要限制的轮系称为定轴轮系。（　　）

3．轮系中使用惰轮可以改变从动轮的转速。（　　）

4．车床走刀丝杠的三星轮换向机构可以使从动轮获得两种不同的转速。（　　）

5．采用轮系传动可以实现无级变速。（　　）

三、选择题（将正确答案的序号填在括号内）

1．轮系的功用有（　　）。

A．连接相距较远的两传动轴，获得很大的传动比

B．改变从动轴的转速和转向

C．可合成或分解运动

D．以上都对

2．一对外啮合齿轮传动，主动轮与从动轮的转动方向（　　）。

A．相反　　　　B．相同

3．定轴轮系传动可以改变从动轴转速，这是因为（　　）。

A．增加了外啮合齿轮　　B．增加了内啮合齿轮

C．采用了滑移齿轮

4. 当两轴相距较远，且要求瞬时传动比准确时，应采用（　　）传动。

A. 带　　B. 链　　C. 轮系

四、简答题

1. 定轴轮系有哪些功能？

2. 在轮系中是怎样改变从动轴转速的？

3. 什么是定轴轮系？什么是周转轮系？它们是根据什么来区分的？

§4－2 定轴轮系

一、填空题（将正确答案填写在横线上）

1. 定轴轮系的传动比等于组成该轮系的所有__________齿数连乘积与所有__________齿数连乘积之比。

2. 对于齿轮的转动方向可采用直箭头示意法，直箭头表示______________________________。

3. 在各齿轮轴线相互平行的轮系中，若齿轮的外啮合对数是偶数，则首轮与末轮的转向__________；若为奇数，则首轮与末轮的转向__________。

二、判断题（正确的在括号内打“√”，错误的打“×”）

1. 轮系中加偶数个惰轮，可使主、从动轮的转向相同。（ ）

2. 轮系中的每一个中间齿轮，既是前级的从动轮，又是后级的主动轮。（ ）

3. 定轴轮系中，某传动比所关联的首、末两轴若不平行，则判断该轮系首、末两轮（或两轴）的旋转方向只能用画箭头的方法确定。（ ）

三、选择题（将正确答案的序号填在括号内）

1. 定轴轮系的传动比大小与轮系中惰轮的齿数（ ）。

A. 有关　　B. 无关　　C. 成正比　　D. 成反比

2. 如图4－1所示，滑移齿轮变速机构输出轴的转速有（ ）种。

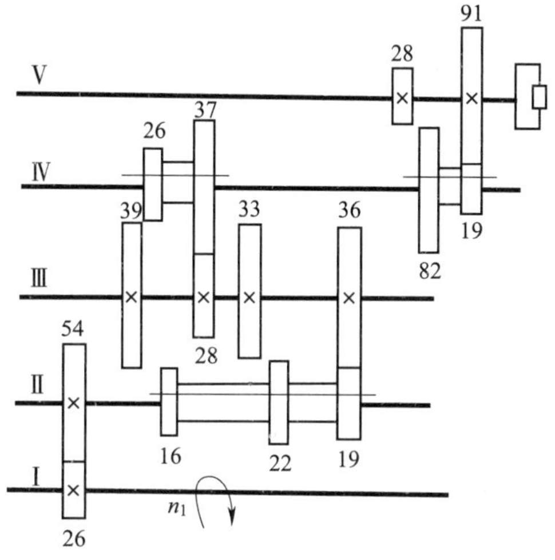

图4－1

A. 18　　B. 16　　C. 12　　D. 9

3. 图4－2所示的三星轮换向机构中，1为主动轮，4为从动轮，则在图示传动位置（ ）。

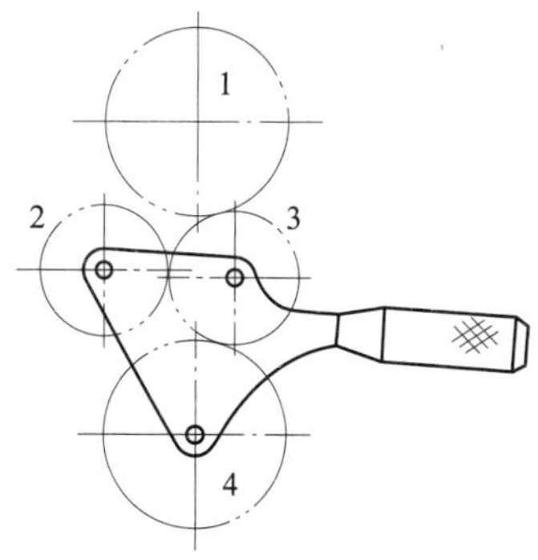

图4－2

A. 有1个惰轮，主、从动轮旋转方向相同

B. 有1个惰轮，主、从动轮旋转方向相反

C. 有2个惰轮，主、从动轮旋转方向相同

D. 有2个惰轮，主、从动轮旋转方向相反

四、简答题

1. 惰轮在轮系中有什么作用？

2. 如何用直箭头示意法表示啮合齿轮的旋转方向？

五、计算题

1. 图4-3所示的轮系中，已知各轮齿数分别为 $z_1=24$，$z_2=28$，$z_3=20$，$z_4=60$，$z_5=20$，$z_6=20$，$z_7=28$，求传动比 i_{17}。若 n_1 的方向已知，试判别齿轮7的旋转方向。

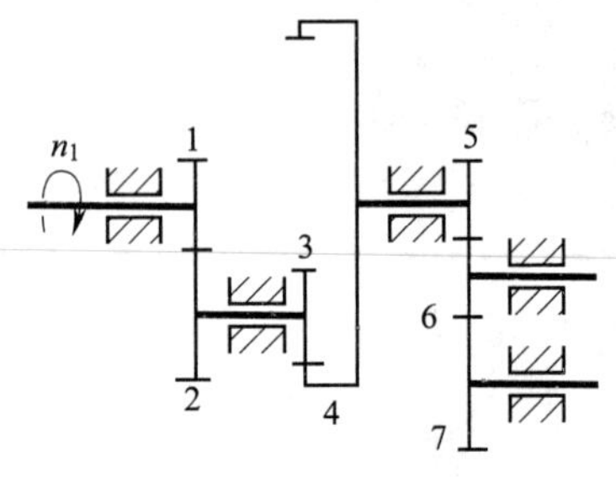

图4-3

2. 图 4 - 4 所示的定轴轮系中，已知蜗杆 1 的头数 $z_1=1$，蜗轮 2 的齿数 $z_2=42$，其他齿轮的齿数分别为 $z_3=20$，$z_4=60$，$z_5=30$，$z_6=40$，主轴转速 $n_1=960$ r/min，求 n_6 及齿轮 6 的旋转方向。

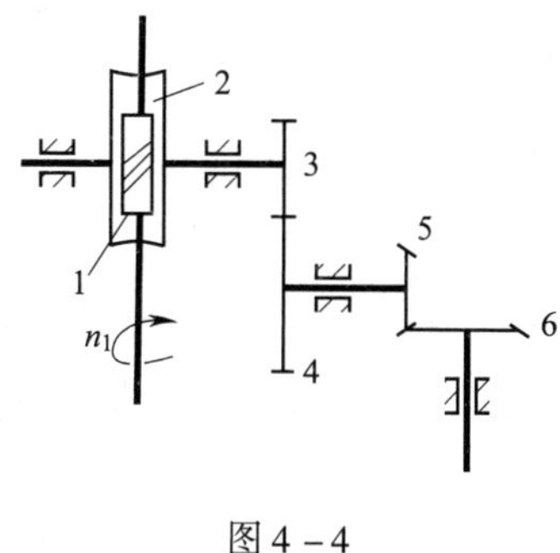

图 4 - 4

3. 已知图 4 - 5 所示定轴轮系中各齿轮的齿数及发动机转速 $n=1\ 440$ r/min，则：

（1）图示位置时，总传动比 i 是多少？

（2）主轴有几种转速？

（3）图示位置时，主轴的转速是多少？

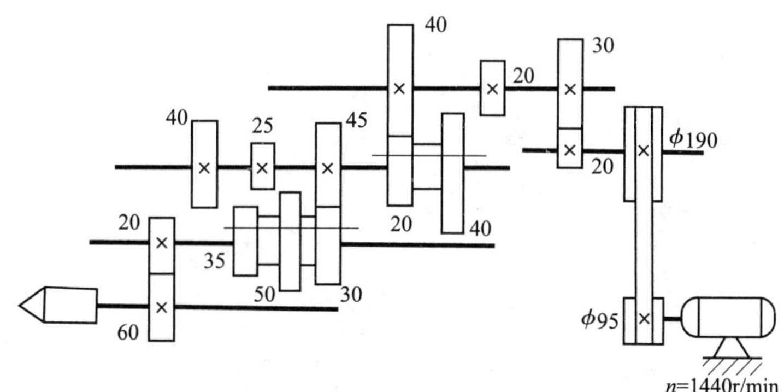

图 4 - 5

4. 图 4-6 所示的轮系中，各齿轮均为标准齿轮，且 $z_1 = z_2 = z_4 = z_5 = 20$，齿轮 1、3、4、6 同轴安装，求传动比 i_{16}。

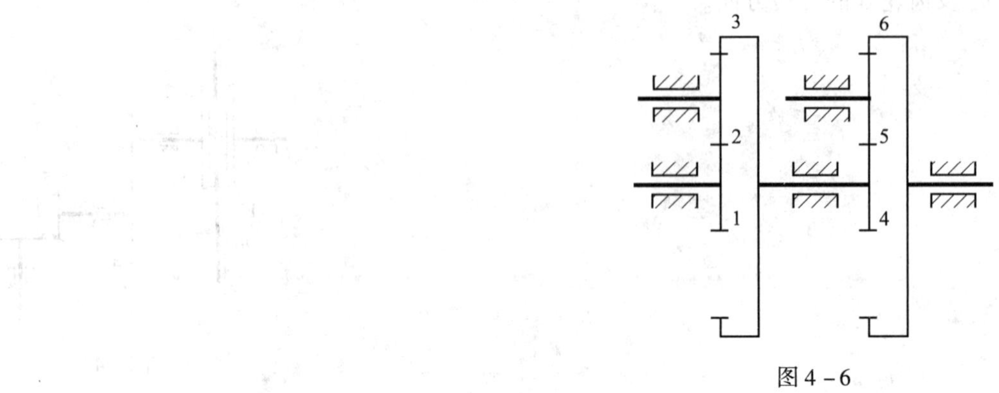

图 4-6

第五章 常 用 机 构

§5－1 平面连杆机构

一、填空题（将正确答案填写在横线上）

1. 铰链四杆机构是由四个杆件通过__________连接而组成的机构。

2. 在铰链四杆机构中，能做整周转动的连架杆叫__________，不能做整周转动的连架杆叫__________。

3. 铰链四杆机构的基本形式有__________机构、__________机构和__________机构。

4. 铰链四杆机构中，存在曲柄的杆长条件为最短杆与最长杆的长度之和__________其余两杆的长度之和。

5. 铰链四杆机构满足曲柄存在的杆长条件时，若取最短杆的相邻杆为机架，则构成__________机构；若取最短杆的对面杆为机架，则构成__________机构；若取最短杆为机架，则构成__________机构。

6. 为了提高机械的工作效率，可利用急回特性来缩短机构__________的时间。

7. 铰链四杆机构的止点位置将使机构在传动中出现__________或发生运动方向__________现象。

8. 牛头刨床加工工件的主切削运动是通过__________机构来实现的。

9. 曲柄滑块机构可从__________机构演化而来，它是将__________转化成__________。

10. 改变曲柄滑块机构的固定件，可演化出____________机构、____________机构、________________机构。

二、判断题（正确的在括号内打“√”，错误的打“×”）

1. 连架杆是指与机架直接相连的构件。（　　）

2. 铰链四杆机构中的最短杆就是曲柄。（　　）

3. 铰链四杆机构中两连架杆都能做整周转动。（　　）

4. 铰链四杆机构都有连杆和机架。（　　）

5. 铰链四杆机构中，只要以最短杆为固定机架，就能得到双曲柄机构。（　　）

6. 铰链四杆机构中，当最长杆与最短杆的长度之和大于其余两杆长度之和时，无论以哪一杆为机架都得到双摇杆机构。（　　）

7. 家用缝纫机的踏板机构采用双摇杆机构。（　　）

8. 在曲柄摇杆机构中，曲柄和连杆共线的位置就是止点位置。（　　）

9. 在曲柄长度不相等的双曲柄机构中，主动曲柄做等速回转时，从动曲柄做变速回转。（　　）

10. 在曲柄摇杆机构中，两共线位置之间的夹角 θ 存在时，摇杆的运动具有急回特性。（　　）

三、选择题（将正确答案的序号填在括号内）

1. 双摇杆机构的两连架杆能做（　　）。

A. 整周转动　　B. 往复摆动　　C. 固定不动

2. 在曲柄摇杆机构中，只有当（　　）为主动件，（　　）为从动件时，在运动中才可能出现止点位置。

A. 连杆　　B. 曲柄

C. 摇杆　　D. 连架杆

3. 机械设备常利用（　　）的惯性来通过机构的止点位置。

A. 主动件　　B. 从动件

4. 内燃机的曲轴连杆机构实际上是一个（　　）。

A. 曲柄摇杆机构　　B. 双曲柄机构

C. 双摇杆机构　　D. 曲柄滑块机构

5. 图 5－1 所示的筛子应用的是（　　）。

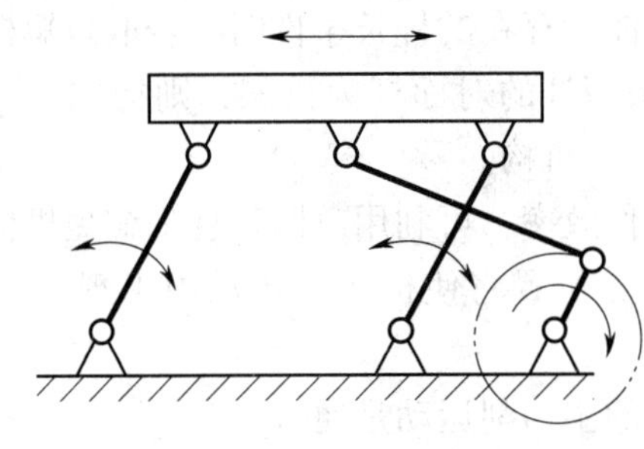

图 5－1

A. 曲柄摇杆机构　　B. 双曲柄机构

C. 平行四边形机构　　D. 双摇杆机构

6. 下列机构中，属于双曲柄机构的是（　　）。

A.

90
70
100
40

B.

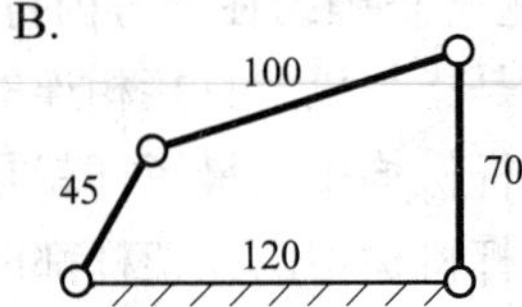

C.

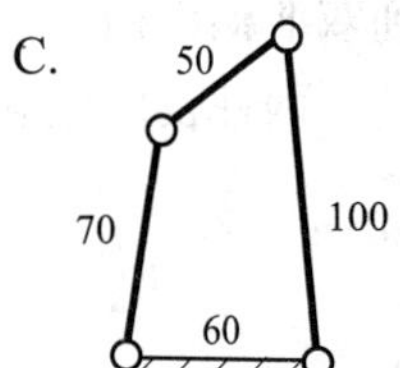

D.

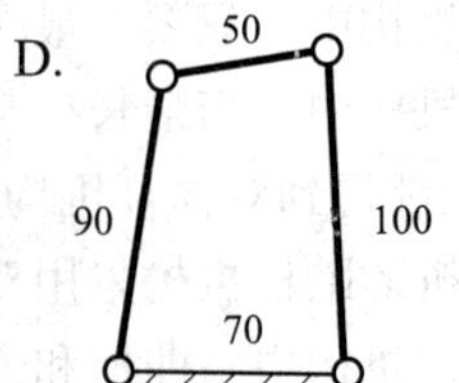

7. 如图 5－2 所示，铰链四杆机构形成曲柄摇杆机构时，须固定（　　）。

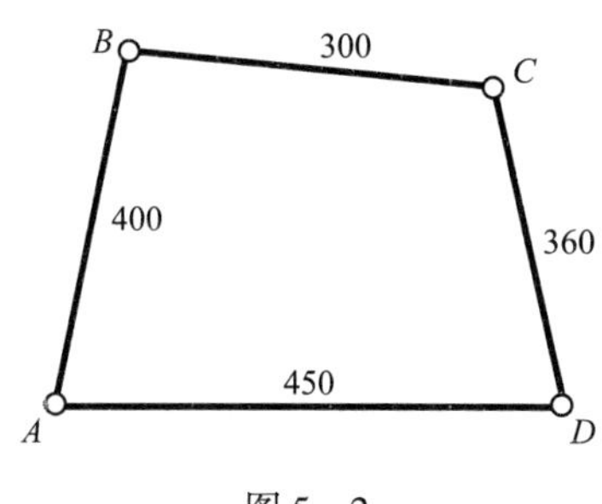

图 5－2

A. 杆 AD　　B. 杆 AB 或杆 CD

C. 杆 BC　　D. 杆 AD 或杆 BC

8. 如图 5－2 所示，机构有止点位置时，此机构的主动件是（　　）。

A. 杆 AB　　B. 杆 BC

C. 杆 CD　　D. 杆 AD

9. 铰链四杆机构各杆的长度（mm）如下，取杆 BC 为机架，构成双曲柄机构的是(　　)。

A. $AB=130$，$BC=150$，$CD=175$，$AD=200$

B. $AB=150$，$BC=130$，$CD=165$，$AD=200$

C. $AB=175$，$BC=130$，$CD=185$，$AD=200$

D. $AB=200$，$BC=150$，$CD=165$，$AD=130$

10. 下列机构中具有急回特性的是（　　）。

A. 曲柄摇杆机构　　B. 双曲柄机构

C. 双摇杆机构　　D. 对心曲柄滑块机构

11. 曲柄摇杆机构中曲柄的长度（　　）。

A. 最长　　B. 最短

C. 大于摇杆的长度　　D. 大于连杆的长度

四、简答题

1. 什么是曲柄摇杆机构的急回特性？其在工程实际中有何应用？举例说明。

2．什么是机构的止点位置？在机械传动中，应如何克服机构的止点位置？

3．铰链四杆机构的三种基本形式的形成条件各是什么？

五、综合题

1．铰链四杆机构的各杆尺寸如图 5－3 所示，若以 *AD* 杆为机架，判断并指出各铰链四杆机构的形式。

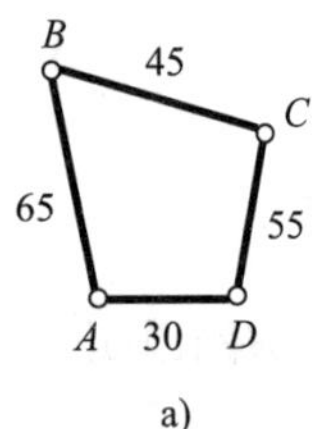

a)

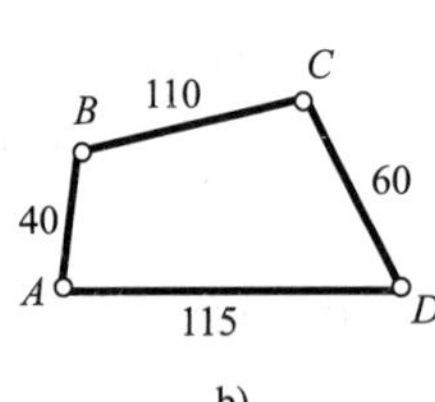

b)

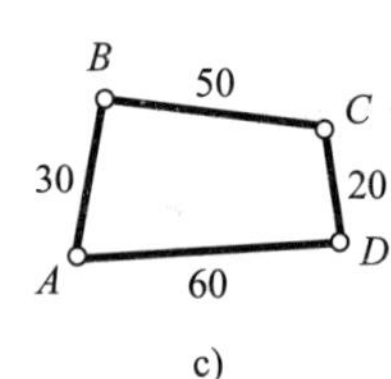

c)

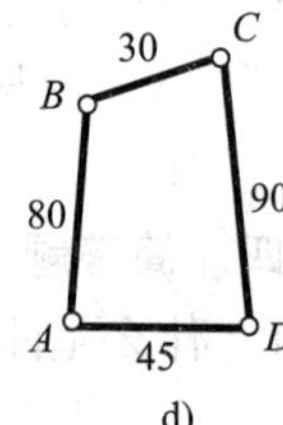

d)

图 5－3

2. 图 5-4 所示的铰链四杆机构中，$AB = 700$ mm，$BC = 350$ mm，$CD = 550$ mm，$AD = 200$ mm，若分别以 AB、BC、AD 杆作为机架，可得到哪些形式的机构？

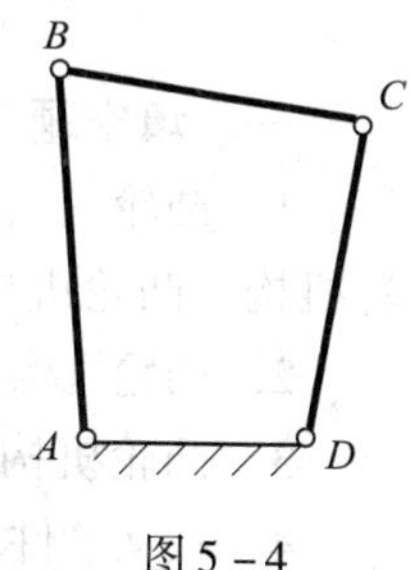

图 5-4

3. 用作图法画出图 5-5 所示曲柄摇杆机构中摇杆的极限位置，并指明止点位置。

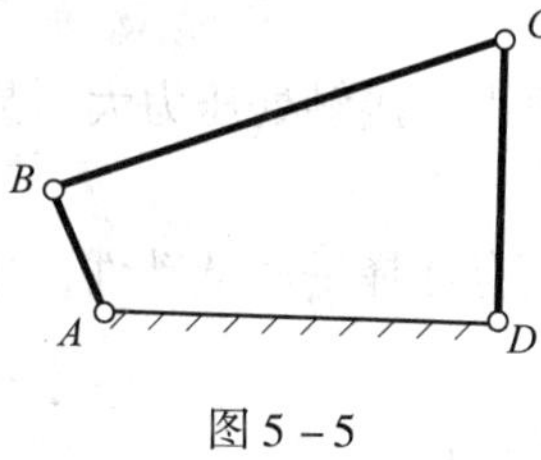

图 5-5

4. 用作图法找出图 5-6 所示机构中滑块 E 的两个极限位置，并由图判定滑块是否存在急回运动？急回运动的方向如何？

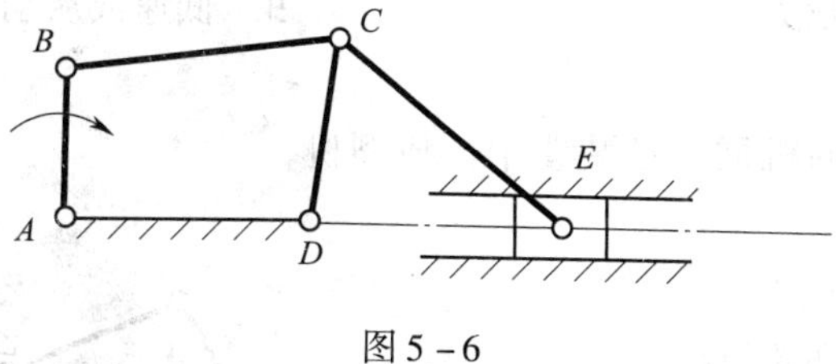

图 5-6

§5－2　凸轮机构

一、填空题（将正确答案填写在横线上）

1. 凸轮是具有控制从动件__________的曲线轮廓的构件，含有凸轮的机构称为凸轮机构。凸轮机构由__________、__________和__________三个基本构件组成。

2. 凸轮机构的基本特点是能使__________获得较____________________的运动规律。

3. 凸轮机构按凸轮形状可分为__________、__________和__________三类。

4. 按从动件端部结构分类，凸轮机构分为__________________、__________________和__________________三种形式。

5. 以凸轮轮廓最小向径为半径所作的圆称为__________。

6. 从动件的运动规律通常反映从动件__________随凸轮__________变化的规律，此规律用__________表示。

二、判断题（正确的在括号内打“√”，错误的打“×”）

1. 移动凸轮运动时，从动件也会做往复直线移动。（　　）

2. 从动件靠重力或弹簧力与凸轮紧密接触，凸轮转动时，从动件做往复移动或摆动。（　　）

3. 凸轮与从动件的接触面积小，接触处压力大，易磨损，因而不能承受很大的载荷。（　　）

4. 有内凹轮廓的凸轮机构只有选择平底从动件，才能实现预期的运动规律。（　　）

5. 在凸轮机构中，凸轮为主动件。（　　）

6. 平底从动件润滑性能好，摩擦阻力小，用于实现任意运动规律。（　　）

三、选择题（将正确答案的序号填在括号内）

1. 凸轮机构从动件的运动规律取决于（　　）。

A. 凸轮的转向　　B. 凸轮轮廓曲线　　C. 滚子半径

2. 从动件的运动规律是指从动件运动时，其（　　）随时间 t 变化的规律。

A. 位移 s　　B. 速度 v

C. 加速度 a　　D. 以上皆是

3. 等速运动规律一般只适用于（　　）的场合。

A. 从动件质量大　　B. 低速或从动件质量较小

C. 中、高速

4. 图5－7所示的机械传动装置中，典型机构有（　　）。

A. 曲柄摇杆机构

B. 平底移动凸轮机构

C. 尖底盘形凸轮机构

D. 尖底移动凸轮机构

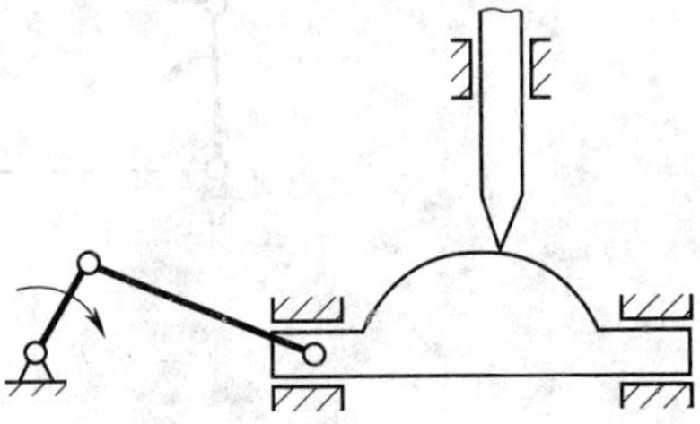

图5－7

5. 凸轮机构中，(　　) 机构常用于高速传动。

A. 滚子从动件　　B. 平底从动件　　C. 尖顶从动件

6. 内燃机的配气机构采用了 (　　) 机构。

A. 凸轮　　B. 齿轮　　C. 铰链四杆

四、简答题

1. 凸轮机构的基本特点是什么？

2. 等速运动的从动件位移曲线是什么形状？等速运动规律有哪些工作特点？主要用于什么场合？

3. 等加速等减速运动规律的从动件位移曲线是什么形状？与等速运动规律相比有何优点？适用于什么场合？

§5－3　间歇运动机构

一、填空题（将正确答案填写在横线上）

1．间歇运动机构是指主动件做__________运动而从动件做__________运动的机构。

2．棘轮机构通常由_________、_________、_________、_________和_________等组成。

3．棘轮机构的特点是_________、_________，棘轮的转角可在一定范围内调节，但工作时易产生______________，适用于_________、_________和传动平稳性_________的场合。

4．单动式棘轮机构的摇杆往复摆动一次，棘爪单方向推动棘轮间歇地转动________次。

5．应用_________式棘轮机构，可实现棘轮转角的任意改变。

6．外啮合槽轮机构中，槽轮的转向与主动杆转向_________；内啮合槽轮机构中，槽轮的转向与主动杆转向_________。

二、判断题（正确的在括号内打“√”，错误的打“×”）

1．对于可变向棘轮机构，主动件只能推动棘轮沿一个方向做间歇运动。（　　）

2．在外啮合槽轮机构中锁止弧起作用时，槽轮处于静止不动状态。（　　）

3．凸轮机构可以作为间歇运动机构。（　　）

4．单圆销外啮合槽轮机构的运动特点是主动杆匀速转动一周，槽轮间歇地转过一个槽口，且槽轮与主动杆转向相同。（　　）

三、选择题（将正确答案的序号填在括号内）

1．要使棘轮的转角可以任意改变，应选用（　　）棘轮机构。

A．双动式　　B．变向　　C．摩擦式

2．放映机卷片机构采用（　　）。

A．外齿棘轮机构　　B．内齿棘轮机构　　C．槽轮机构

3．自行车后轮中的飞轮是（　　）。

A．外啮合槽轮机构　　B．内啮合槽轮机构

C．外齿棘轮机构　　D．内齿棘轮机构

4．槽轮机构的特点是（　　）。

A．结构简单，工作可靠

B．机械效率高，运动比较平稳，能准确控制转动的角度

C．转角不可调节，故只能用于定转角的间歇运动机构中

D．以上皆是

5．在双圆销外啮合槽轮机构中，主动杆每旋转一周，槽轮运动（　　）次。

A．1　　B．2　　C．3

6. 自动机床的刀架转位动作是由（　　）实现的。

A. 槽轮机构　　B. 棘轮机构　　C. 齿轮机构

四、简答题

1. 常用的间歇运动机构有哪些形式？举例说明，并简述其特点。

2. 常用的棘轮机构有哪些形式？各有何运动特点？

3. 常用的槽轮机构有哪些类型？各有何运动特点？

第六章　轴 系 零 件

§6－1　轴

一、填空题（将正确答案填写在横线上）

1. 轴的主要功用是________，并使其具有________以传递________。

2. 在考虑轴的结构时，应注意以下三个方面的要求：________，________，________。

3. 轴上零件的轴向定位方法主要取决于它所受________的大小。此外，还应考虑轴的________、轴上零件________的难易程度以及对轴的________影响等因素。常用的有________、________、________、轴用弹性挡圈、紧定螺钉和轴端挡圈定位等方法。

4. 一般根据________、________、________等因素来选择周向定位方法。常用的方法有________、________、________等，称为轴毂连接。

5. 轴的结构应尽量________，以便于________，同时能减小________，提高轴的________。

二、判断题（正确的在括号内打“√”，错误的打“×”）

1. 支承转动零件，只承受弯矩不传递转矩的轴属于转轴。（　　）

2. 被轴承支承的部位称为轴颈，支承回转零件的部位称为轴身，连接轴颈和轴身的部位称为轴头。（　　）

3. 套筒是借助位置已确定的零件来定位的，它的两端面为定位面。（　　）

4. 阶梯轴直径应中间大，并由中间向两端依次减小，以便于轴上零件的拆装。（　　）

5. 为了便于去除毛刺和装配，轴端应倒角，一般为30°或60°。（　　）

6. 在轴上某段切削螺纹时，应留有越程槽。（　　）

三、选择题（将正确答案的序号填在括号内）

1. 按受载的特点不同，轴可分为（　　）。

A. 心轴、转轴和传动轴　　B. 直轴、曲轴和挠性轴

C. 等径轴和阶梯轴

2. 轴主要由（　　）三部分组成。

A. 轴颈、轴肩和轴身　　B. 轴颈、轴头和轴身

C. 轴颈、轴头和轴环

3. 轴向定位常用的元件有（　　）。

A. 轴肩（轴环）、套筒、圆螺母

B. 轴用弹性挡圈、紧定螺钉和轴端挡圈

C. 以上皆是

4. 车床的主轴是（　　）。

A. 传动轴　　B. 心轴　　C. 转轴

5. 自行车的前轴是（　　）。

A. 固定心轴　　B. 转动心轴　　C. 转轴

6. 对轴上零件起周向固定作用的是（　　）。

A. 轴肩与轴环　　B. 平键连接　　C. 套筒和圆螺母

7. 按轴线形状不同，轴可分为（　　）。

A. 心轴、转轴和传动轴　　B. 直轴、曲轴和挠性轴

C. 等径轴和阶梯轴

四、简答题

1. 心轴、转轴和传动轴的应用特点是什么？试各举一应用实例。

2. 轴上零件轴向固定的目的是什么？常用的轴向固定方法有哪些？各有何应用特点？

3. 轴上零件周向固定的目的是什么？

4. 在考虑轴的结构工艺性时应注意哪些事项？

§6-2 轴　　承

一、填空题（将正确答案填写在横线上）

1. 根据摩擦性质不同，轴承可分为__________轴承和__________轴承。

2. 滑动轴承按其所承受载荷方向的不同，分为__________滑动轴承和__________滑动轴承。

3. 径向滑动轴承只承受__________载荷。

4. 常用的径向滑动轴承的结构形式有__________和__________。

5. 整体式滑动轴承一般由__________、__________和__________组成，常用于__________、__________及__________的场合。

6. 滚动轴承由__________、__________、__________和__________等组成。

7. 滚动轴承按滚动体的类型不同，分为__________和__________两大类。

8. 按照滚动轴承所承受载荷的方向不同，滚动轴承可分为__________和

__________两大类。

9. 滚动轴承的基本代号表示轴承的__________、__________和__________。

10. 滚动轴承的尺寸系列代号由______________和______________组成。

11. 轴承内径代号“12”表示内径 $d=$__________。

12. 滚动轴承的公差等级代号用__________加数字表示。

13. 滚动轴承的游隙代号用__________加数字表示。

14. 当径向载荷较大，轴向载荷较小，且转速较高时，应优先选用__________轴承。

15. 当轴承同时承受较大的径向载荷和轴向载荷时，应选用______________轴承或______________轴承。

16. 一般在只承受纯轴向载荷的场合，应选用____________________轴承或____________________轴承。

17. 无轴向载荷，径向载荷较大且转速较低时，应选用______________轴承。

18. 作用在轴承上的载荷根据方向不同可划分为____________、____________和____________。

19. 滚动轴承部件的组合安装包括轴承的__________、__________、__________、__________和__________等方面。

20. 轴承常用的润滑剂有__________和__________两大类。

21. 滚动轴承的密封方式有__________和__________两种。

22. 滚动轴承安装时一般对内、外圈都要进行必要的__________固定，以防止发生__________。

23. 滚动轴承密封的目的是防止__________、__________、__________等侵入轴承和阻止__________________。

24. 当轴颈圆周速度较高时，应采用__________润滑；速度不大于 5 m/s 时，应选用__________润滑。

二、判断题（正确的在括号内打“√”，错误的打“×”）

1. 深沟球轴承主要承受径向载荷，也可同时承受少量双向轴向载荷。（　）

2. 调心球轴承比调心滚子轴承的径向承载能力大。（　）

3. 角接触球轴承与圆锥滚子轴承一样，能同时承受径向载荷与轴向载荷。（　）

4. 推力滚动轴承主要承受径向载荷。（　）

5. 滑动轴承工作时的噪声和振动小于滚动轴承。（　）

6. 滚动体和内圈、外圈之间存在的间隙越大，轴承运转时越不准确，噪声也越大。（　）

7. 滚动轴承代号中的直径系列表示同一内径轴承具有不同的外径。（　）

8. 滚动轴承的类型代号只能用数字表示。（　）

9. 应根据轴径大小，选用轴承的类型。（　）

10. 当轴的刚度小，工作时弯曲变形较大时，应考虑采用滚子轴承。（　）

11．选用轴承时，应尽可能做到经济合理地满足使用要求。（　）

12．利用轴肩对轴承内圈做单向轴向固定时，内圈只能承受单向载荷。（　）

13．在无轴向力作用的情况下，无须对轴承进行轴向固定。（　）

14．对于高温重载的场合，应选用黏度大的润滑油对轴承进行润滑。（　）

15．滚动轴承润滑的目的在于减小摩擦、缓和冲击和防锈。（　）

16．径向滑动轴承能承受径向载荷和轴向载荷。（　）

17．推力滑动轴承只能承受径向载荷。（　）

三、选择题（将正确答案的序号填在括号内）

1．当机构承受有冲击的重载荷时，应选用（　）。

A．滚动轴承　B．滑动轴承

2．当滚动轴承的转速较高、承载能力较低时，应选用（　）滚动体。

A．球形　B．滚子

3．在滚动轴承代号中，除（　）轴承外，宽度系列代号“0”省略不标。

A．1 类　B．2 类　C．3 类

4．如果机构工作在低速、重载或转速特别高、对轴的支承精度要求高以及径向尺寸受限制的场合，应选用（　）。

A．滚动轴承　B．滑动轴承

5．（　）滑动轴承磨损后无法调整轴颈与轴承的间隙。

A．整体式　B．剖分式

四、简答题

1．与滑动轴承相比，滚动轴承有什么特点？

2．滚动轴承代号由哪几部分组成？各部分分别表示什么？

3. 国家标准规定滚动轴承的公差等级有哪几级?

4. 轴承标记“30206/P53”的具体含义是什么?

5. 滚动轴承的基本选用原则是什么?

6．滚动轴承内圈、外圈的轴向固定形式分别有哪些？

7．与滚动轴承相比，滑动轴承的主要优点有哪些？

8．滚动轴承的常用密封方式有哪些？分别适用于什么场合？

§6-3 轴毂连接

一、填空题（将正确答案填写在横线上）

1. 键连接主要用来连接____________________，实现____________并传递____________________。

2. 常用的松键连接有________________、________________、________________和________________等多种类型。

3. 普通平键按端部形状不同可分为__________（A 型）、__________（B 型）和__________（C 型）三种。

4. 普通平键的主要尺寸是指__________、__________和__________。

5. 花键连接是指轴和零件毂孔上沿__________等距分布的____________相互____________而形成的连接。

6. 常用的销有__________和__________两种。

7. 销连接主要用于____________________________，并能__________________，还可用作______________________________。

二、判断题（正确的在括号内打“√”，错误的打“×”）

1. 普通平键靠键的两侧面接触定心，传递转矩。（　　）
2. 半圆键安装方便，一般适用于轻载和锥形轴端的连接。（　　）
3. 对圆锥销来说，标出的直径是指大端直径。（　　）
4. 需要经常装拆的场合，不宜采用圆锥销连接，而应选用圆柱销连接。（　　）

三、选择题（将正确答案的序号填在括号内）

1. 在载荷大、定心精度要求高的场合，宜选用（　　）。

A. 平键连接　　B. 半圆键连接
C. 销连接　　D. 花键连接

2. 普通平键的应用特点是（　　）。

A. 依靠侧面传递转矩，装拆方便
B. 可实现轴上零件的轴向定位
C. 不适用于高速、高精度和承受变载冲击的场合

3. 下列关于定位销的说法，正确的是（　　）。

A. 可同时用于传递横向力和转矩
B. 使用的数目不得少于两个

4.（　　）普通平键多用在轴的端部。

A. C 型　　B. A 型　　C. B 型

5. 在键连接中，（　　）的工作面是键的上下面。

A. 平键　　B. 半圆键　　C. 楔键

6. 下列连接形式中，属于不可拆连接的是（　　）。

A. 焊接　　　　B. 销连接　　　　C. 螺纹连接

四、简答题

1. 选择普通平键尺寸的主要依据是什么？

2. 普通平键标记“GB/T 1096　键 C18 × 11 × 100”的具体含义是什么？

§6－4　联　轴　器

一、填空题（将正确答案填写在横线上）

1. 联轴器用来连接__________或____________。
2. 联轴器除具有连接作用外，某些特殊结构的联轴器还具有__________作用。
3. 常见的联轴器分为________________、________________和________________三大类。
4. 常用的刚性联轴器有________________和________________两类。
5. 常用的挠性联轴器有______________________和______________________两类。
6. 常用的无弹性元件挠性联轴器有______________________和________________两类。
7. 常用的弹性元件挠性联轴器有____________________、____________________和______________________三类。
8. 挠性联轴器能够补偿________________________的相对偏移。
9. 弹性套柱销联轴器适用于__________、__________、__________和__________

经常改变的场合。

10. 安全联轴器具有__________________功能。

二、判断题（正确的在括号内打"√"，错误的打"×"）

1. 联轴器既可以起连接作用，又可以起安全保护作用。 （ ）
2. 套筒联轴器可以补偿两轴间的相对偏移。 （ ）
3. 挠性联轴器具有缓冲、减振的作用。 （ ）
4. 弹性套柱销联轴器就是弹性柱销联轴器。 （ ）

三、选择题（将正确答案的序号填在括号内）

1. 凸缘联轴器属于（ ）联轴器。

A. 刚性 B. 挠性 C. 安全

2. 用于两轴交叉的传动时，可选用（ ）联轴器。

A. 弹性 B. 固定式 C. 万向

3. （ ）联轴器适用于轻载、高速、启动频繁或经常变换正反转向的传动。

A. 凸缘 B. 万向 C. 弹性套柱销

四、简答题

简述联轴器的功用、种类及应用特点。

第七章 液压传动

§7-1 概 述

一、填空题（将正确答案填写在横线上）

1. 液压传动是以__________为工作介质，进行__________传递、转换和控制的传动形式。

2. 反映油液黏性的主要指标是黏度。黏度大，则表示__________大，油液不易流动。对液压油黏度影响较大的是__________，油液黏度因温度升高而__________。

3. 液压传动系统一般由__________（液压泵）、__________（液压缸）、__________（各种控制阀）、__________（油箱、压力表、管道等）和__________（液压油）组成。

4. 液压传动系统中的两个重要参数是__________和__________。

5. 液体的压力是指液体或容器壁单位面积上所受的__________。

6. 密封容器中的静止液体在一处受到压力作用时，这个压力可以__________地传递到连通器的__________上。

7. 液压传动系统中的压力大小由__________决定。

8. 流量是指__________内流过某通流截面的__________。流量的单位有__________和__________两种，它们之间的换算关系为____________________。

9. 在无分支管道内流动的液体，通过管道内任一截面上的流量都__________，即管道截面小处流速__________，管道截面大处流速__________。

10. 液压传动系统中执行元件的运动速度与系统内的压力大小__________。

11. 液压传动系统一旦组成，其管道的截面积就已确定，要调节执行元件的运动速度只需要调节__________。

二、判断题（正确的在括号内打“√”，错误的打“×”）

1. 液压传动系统可以使执行元件获得严格的传动比。（　　）

2. 液压传动系统是利用液体作为工作介质而进行能量传递的。（　　）

3. 液压传动装置具有体积小、质量轻、运行平稳的优点。（　　）

4. 在液压传动系统中，油液黏度是选择油液的重要指标。（　　）

5. 液压传动实质上是一种能量转换过程。（　　）

6. 液压传动系统易于实现过载保护。（　　）

7. 液压传动系统中压力与外负载无关。（　　）

8. 流过某通流截面的流量等于管道的横截面积与管道内油液平均流速的乘积。（　　）

9．液压泵输出流量的大小与压力无关。 （ ）

10．在液压传动中，泄漏会引起能量损失。 （ ）

三、选择题（将正确答案的序号填在括号内）

1．在密闭容器中，施加于静止液体内任一点的压力能等值地传递到液体中的所有地方，这称为（ ）。

A．能量守恒原理　　B．动量守恒定律

C．质量守恒原理　　D．帕斯卡原理

2．液压传动的特点是（ ）。

A．传动比准确　　B．不能实现过载保护

C．工作不平稳　　D．速度可无级调节

3．当环境温度较高时，应选择黏度较（ ）的润滑油。

A．高　　B．低　　C．任意

4．液压传动系统中，液压泵将电动机输出的（ ）转换为油液的（ ）。

A．机械能　　B．电能

C．压力能　　D．化学能

四、简答题

1．举例说明“在液压传动系统中工作压力取决于负载”。

2．举例说明“在液压传动系统中流量决定于速度”。

3. 液压传动的主要优缺点分别是什么？

五、计算题

1. 图 7 - 1 所示的液压传动系统中，已知活塞有效作用面积 $A = 5 \times 10^{-3}\ \mathrm{m}^2$，外力 $F = 10\ 000$ N，若进入液压缸的流量为 $8.33 \times 10^{-4}\ \mathrm{m}^3/\mathrm{s}$，不计损失，求：

（1）液压缸的工作压力。

（2）活塞的运动速度 v。

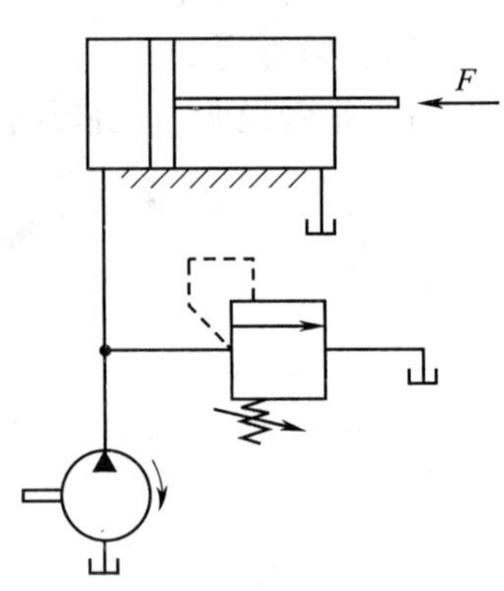

图 7 - 1

2. 如图 7 - 2 所示，液压泵的流量 $Q = 25$ L/min，液压缸直径 $D = 50$ mm，活塞杆直径 $d = 30$ mm，油管直径 $d_1 = d_2 = 15$ mm，求活塞的运动速度及油液在进、回油管中的流速。

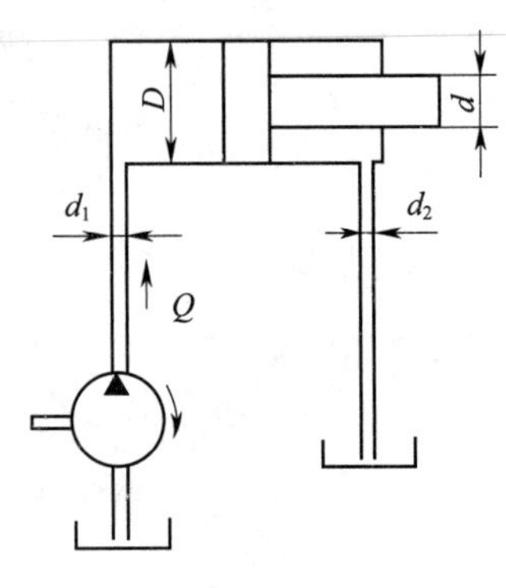

图 7 - 2

3. 图 7－3 所示的液压千斤顶中，小活塞直径 $d=10$ mm，大活塞直径 $D=40$ mm，重物$G=5\ 000$ kg，小活塞行程为 20 mm，杠杆 $L=500$ mm，$l=25$ mm，则：

（1）杠杆端需加多少力才能顶起重物？

（2）此时液体内所产生的压力为多少？

（3）杠杆上下运动一次，重物升高多少？

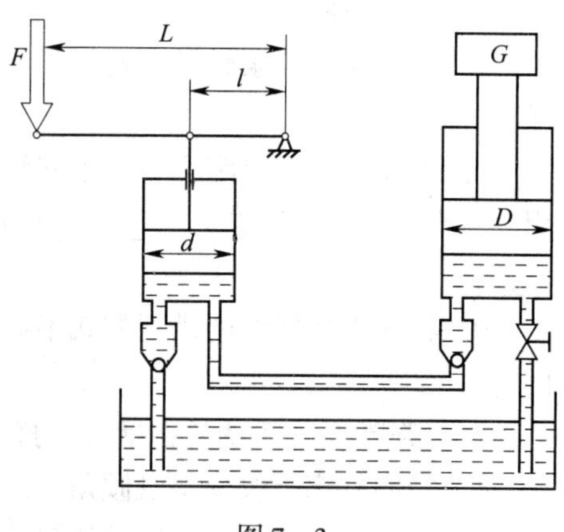

图 7－3

§7－2 液 压 泵

一、填空题（将正确答案填写在横线上）

1. 液压泵是液压传动系统中的__________元件，它能将原动机输出的__________转换为液压油的__________。

2. 依靠__________的变化而工作的泵称为容积泵。

3. 液压泵完成吸油与压油所必备的条件有________________________，

__________，__________________。

4．齿轮泵按结构分为________和________两种类型。

5．齿轮泵压油腔的压力比吸油腔的压力________，因此作用在齿轮轴上的径向力________。

6．叶片泵按转子每转吸油和排油次数不同，分为____________和____________两种。

7．单作用叶片泵转子每转一周，完成吸油、排油各________次，同一转速的情况下，改变它的______________，则可以改变其排量。

8．双作用叶片泵定子与转子同轴，定子内表面近似于________形。转子旋转一周，每个密封腔完成________次吸油和压油。双作用叶片泵的转子上不存在________力。

9．柱塞泵按柱塞的排列方式不同，可分为____________和____________两种。

二、判断题（正确的在括号内打“√”，错误的打“×”）

1．径向柱塞泵改变斜盘倾角大小和方向，就可以成为双向变量泵。（　　）

2．液压泵的铭牌上标出的流量或压力值是最大流量或最大压力。（　　）

3．外啮合齿轮泵中齿轮不断进入啮合一侧的油腔是吸油腔。（　　）

4．齿轮泵的吸油口、压油口不能互换。（　　）

5．油液作用于双作用叶片泵和单作用叶片泵转子上的径向力是相互平衡的。（　　）

6．单作用叶片泵转子转一周，每个密封容积完成两次吸油、压油。（　　）

7．运转中密封容积不断交替变化的液压泵都是变量泵。（　　）

8．容积泵输油量的大小，取决于密封容积的大小。（　　）

三、选择题（将正确答案的序号填在括号内）

1．以下各液压泵中，不能成为双向变量泵的是（　　）。

A．径向柱塞泵　　B．双作用叶片泵

C．单作用叶片泵　　D．轴向柱塞泵

2．齿轮泵在工作过程中，（　　）。

A．存在径向不平衡力

B．不存在径向不平衡力

C．有时存在径向不平衡力

3．高压系统宜采用（　　），低压系统宜采用（　　）。

A．齿轮泵　　B．单作用叶片泵

C．柱塞泵　　D．双作用叶片泵

4．外啮合齿轮泵的特点为（　　）。

A．结构紧凑，流量调节方便

B．价格低廉，工作可靠，自吸能力好

C．噪声小，输油量均匀

D. 对油液污染不敏感，泄漏小，主要用于高压系统

5. 观察图 7 -4 所示叶片泵示意图，并回答问题：

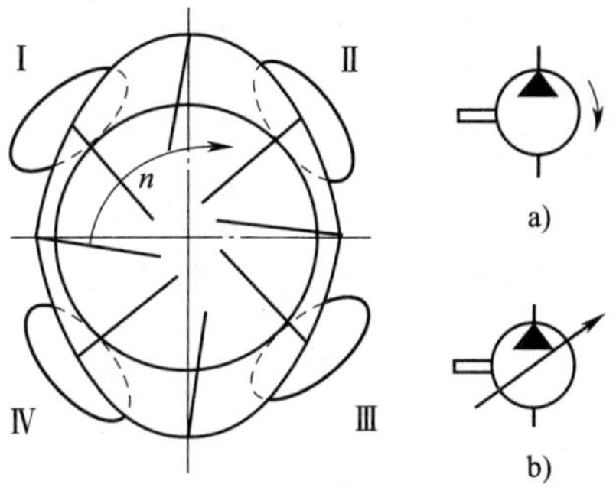

图 7 -4

(1) 随着密封容积的增大和减小，(　　) 腔吸油，(　　) 腔压油。

A. Ⅰ、Ⅱ　　B. Ⅲ、Ⅳ

C. Ⅰ、Ⅲ　　D. Ⅱ、Ⅳ

(2) 该泵为 (　　) 叶片泵。

A. 双作用　　B. 单作用

C. 变量　　D. 非卸荷式

(3) 转子转一周，该叶片泵完成吸油、压油 (　　) 次，转子所受径向液压力 (　　)。

A. 1　　B. 2

C. 平衡　　D. 不平衡

(4) 该泵的图形符号为 (　　)。

A. 图 a　　B. 图 b

四、简答题

1. 比较并说明双作用叶片泵和单作用叶片泵的区别。

2. 齿轮泵的吸油口、压油口能否反接？为什么？

五、计算题

图 7－5 所示的液压传动系统中，已知外负载 $F=30\ 000$ N，活塞有效作用面积 $A=0.01\ \text{m}^2$，活塞运动速度 $v=0.025$ m/s，不考虑流量和压力损失，则：

（1）溢流阀调定的压力值应为多少？

（2）若齿轮泵流量规格有 $2.67\times10^{-4}\ \text{m}^3/\text{s}$、$3.33\times10^{-4}\ \text{m}^3/\text{s}$，额定工作压力为 2.5 MPa；叶片泵流量规格有 $2\times10^{-4}\ \text{m}^3/\text{s}$、$2.67\times10^{-4}\ \text{m}^3/\text{s}$、$4.17\times10^{-4}\ \text{m}^3/\text{s}$、$5.33\times10^{-4}\ \text{m}^3/\text{s}$，额定工作压力为 6.3 MPa，则应选择什么类型和规格的液压泵？

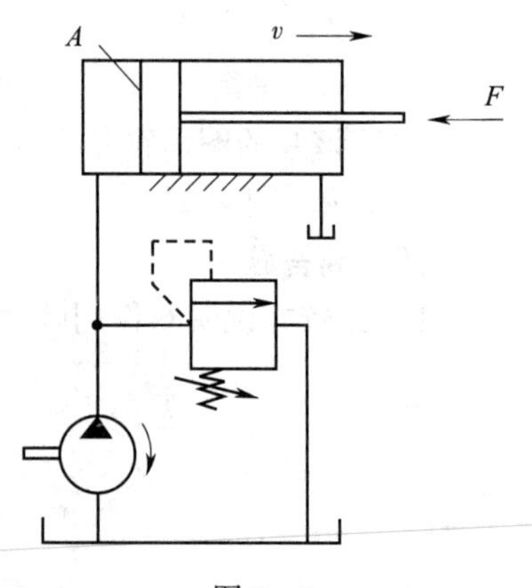

图 7－5

六、分析题

分析图 7－6 所示液压泵简图，并回答下列问题：

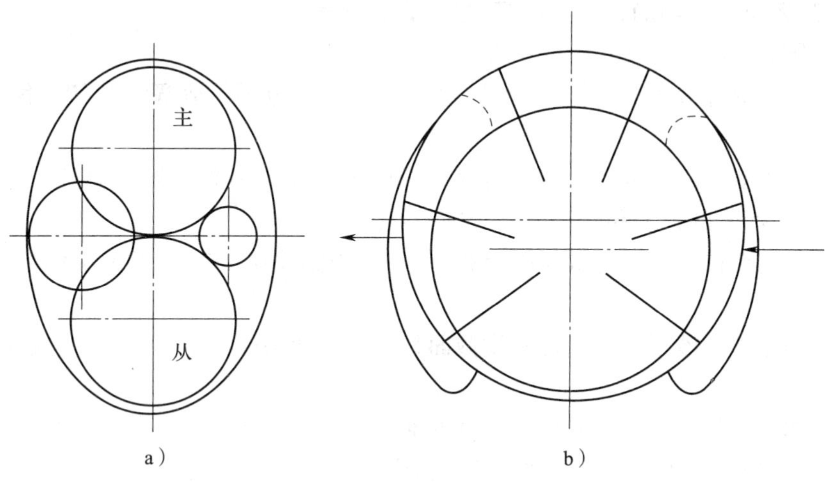

图 7－6

（1）图 7－6a 表示__________泵，图 7－6b 表示__________泵。

（2）图 7－6a 中__________孔进油，__________孔出油。

（3）画出两液压泵齿轮或转子的转向。

（4）画出两液压泵的图形符号：图 a 为__________，图 b 为__________。

§7－3 液 压 缸

一、填空题（将正确答案填写在横线上）

1. 液压缸是液压传动系统中的___________元件，它们的功用是将液体的__________能转换为__________能。

2. 对于双作用双杆液压缸，只要左、右两腔的供油压力不变，则在活塞两边产生的________必然相等。

3. 双作用双杆液压缸按固定方式不同分为__________和_____________两种。

4. 若进入双作用双杆液压缸的流量相等，则活塞（或缸体）两个方向上的_____________也必然相等。

5. 对于双作用单杆液压缸，当进入左、右两腔的油液压力不变，流量也不变时，在活塞两侧产生的__________不等，__________也不等。

6. 液压缸密封的目的是尽量减少__________的泄漏，阻止__________侵入系统。

7. 液压传动系统中，液压缸常用的密封方法是__________和__________。

8. 液压缸常用的间隙密封是依靠____________________之间的________________来防止泄漏的。

9. 液压传动系统中常用的密封圈有________________、________________和

________等。

10．液压缸工作时运动部件都有惯性，所以一般都设有________。

二、判断题（正确的在括号内打“√”，错误的打“×”）

1．液压缸是液压传动系统的动力元件。 （ ）

2．双作用双杆液压缸缸体固定时，工作台的运动范围与活塞杆固定时不同。 （ ）

3．双作用双杆液压缸中，当交替进入两腔的液体压力和流量不变时，活塞在左、右两个方向上产生的推力和运动速度分别相等。 （ ）

4．双作用单杆液压缸有缸体固定和活塞杆固定两种形式，它们的工作台移动范围是不同的。 （ ）

5．双作用单杆液压缸活塞杆的横截面积越大，活塞往复运动速度差别越小。 （ ）

6．双作用单杆液压缸两腔输入油液的油压、流量不变时，作用于双作用单杆液压缸活塞两侧的推力相等，但活塞往复运动速度不等。 （ ）

7．液压缸的缓冲装置一般都在缸体外设置。 （ ）

8．液压缸缓冲装置依靠增大排油阻力使活塞运动速度减慢，实现缓冲作用。 （ ）

9．双作用双杆液压缸可实现差动连接。 （ ）

三、选择题（将正确答案的序号填在括号内）

1．当液压缸的活塞面积一定时，活塞的运动速度取决于（ ）。

A．缸中油液的压力　　B．外负载大小

C．进入缸内油液的流量　　D．泵的输出流量

2．图7－7所示的回路中，各液压缸的活塞面积均相同，当 $F_A = F_B$，$F_C = 0$ 时，各液压缸左腔的工作压力按大小依次排列为（ ）（不计摩擦）。

A．$p_A > p_B > p_C$　　B．$p_A > p_C > p_B$

C．$p_C > p_A > p_B$　　D．$p_C > p_B > p_A$

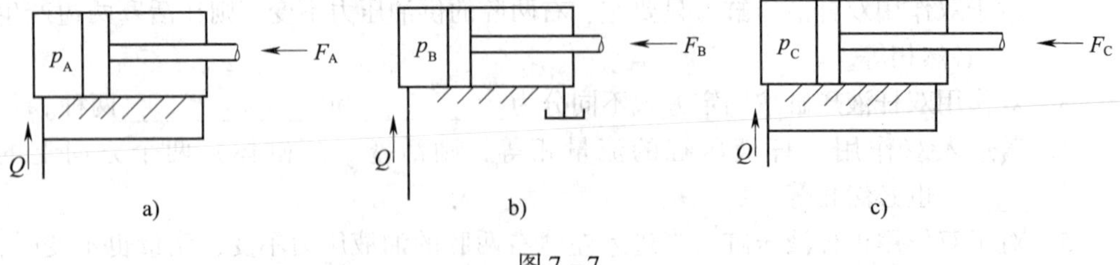

图7－7

3．为了便于排除积留在液压缸内的空气，油液最好从液压缸的（ ）进入或引出。

A．最高点　　B．最低点　　C．中间点

4．要求工作台直线往复运动速度和推力相等时，可采用（ ）；要求工作台直线往复运动速度和推力不相等时，可采用（ ）。

A．双作用单杆液压缸　　B．双作用双杆液压缸

C．摆动式液压缸　　D．柱塞式液压缸

四、简答题

1．液压缸为什么要设置缓冲装置和排气装置？

2．双作用双杆液压缸和双作用单杆液压缸的主要特点分别是什么？

3．图7－8所示的系统中，已知$F_1=F_2$，$A_1>A_2$（A_1、A_2为活塞有效作用面积），分析工作时两缸中的活塞哪个先动作，并说明理由。后动作的活塞在什么情况下才能运动？（提示：两活塞行程终了时都有固定挡铁限位）

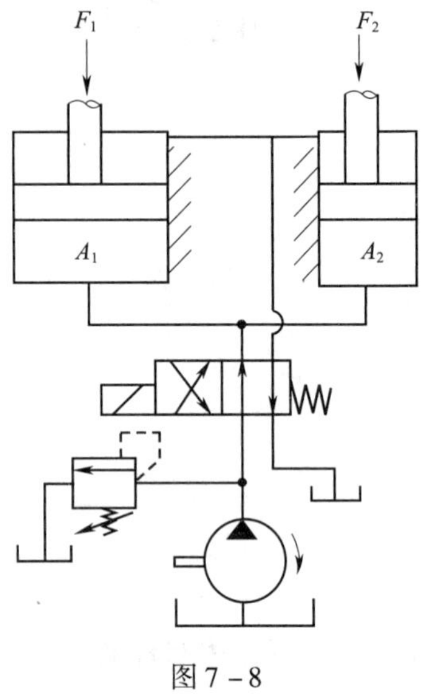

图7－8

五、计算题

1．双作用双杆液压缸的活塞直径$D=0.18$ m，活塞杆直径$d=0.04$ m，当进入液压缸的流量$Q=4.16\times10^{-4}$ m^3/s时，油液的工作压力$p=2.5$ MPa，求活塞往复运动的速度v和油液的推力F。

2．如图7－9所示，液压传动系统的执行元件为双作用单杆液压缸，工作压力$p=3.5$ MPa，活塞直径$D=90$ mm，活塞杆直径$d=40$ mm，求该执行元件所能克服的阻力。

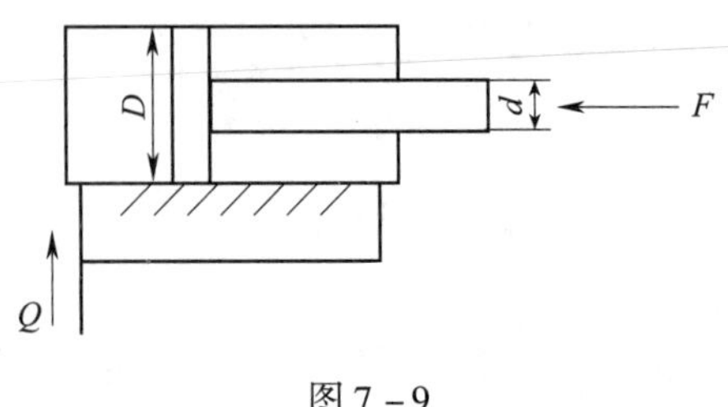

图7－9

3. 图 7－10 所示的系统中，已知左腔有效截面积 $A_1 = 5 \times 10^{-3}\ m^2$，活塞杆截面积 $A_2 = 2 \times 10^{-3}\ m^2$。当流量 $Q = 4.17 \times 10^{-4}\ m^3/s$、压力 $p = 2.5$ MPa 的油液交替输入液压缸左、右两腔时：

（1）活塞向右运动的速度 v_1 和向左运动的速度 v_2 各是多少？

（2）向右的推力和向左的推力各是多少？

（3）其他条件不变，而加大外界负载 F_B 时，活塞向右运动的速度 v_1 是否和问题（1）的结果相同？为什么？

（4）若油液同时进入液压缸的两腔，活塞向哪个方向运动？其运动速度和产生的推力各是多少？

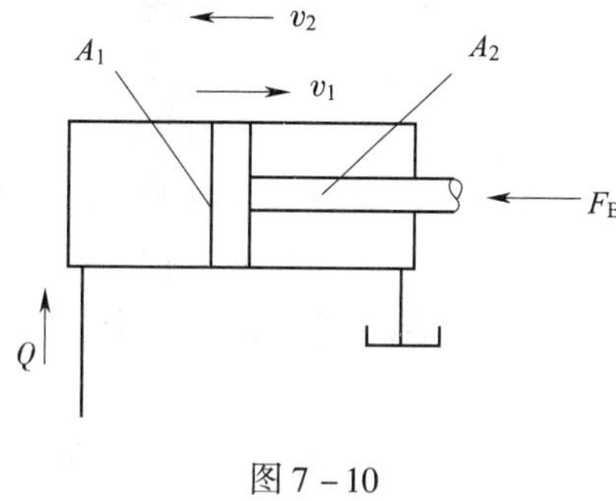

图 7－10

4. 设计一双作用单杆液压缸，要求活塞返回的速度为 40 m/min，返回时克服的负载为 8×10^4 N，差动进给时速度为 60 m/min，克服的阻力为 4×10^3 N，供油压力为 10 MPa。求：

（1）活塞直径与活塞杆直径。

（2）工作行程与返回行程所需流量。

§7-4 液压控制阀

一、填空题（将正确答案填写在横线上）

1. 液压控制阀是液压传动系统的________元件，用以控制和调节系统中液体的________、________和________。

2. 液压控制阀根据其功能不同，一般分为________、________和________。

3. 方向控制阀是用来控制________和________的阀类，其中包括________和________。

4. 三位换向阀的阀芯处在中位时，各油口的连通方式称为________。

5. 换向阀的工作原理是通过改变________，使阀体上各油口的连通方式发生变化，进而控制液体的通断和流向。

6. 在液压传动系统图中，换向阀的图形符号与系统的连接一般应画在________位上。

7. 电磁换向阀的主要性能包括________、________、________和________。

8. 压力控制阀按其用途不同，可分为________、________、________和________四种基本形式。

9. 各种压力控制阀的共同特点是，它们都是利用________和________相平衡的原理来进行工作的。

10. 溢流阀是液压传动系统中必不可少的________，其作用主要有两个方面：一是起________和保持系统或回路________的作用；二是防止系统________，起________作用。

11. 溢流阀按工作原理不同分为________和________两种。

12. 先导式溢流阀由________和________两部分组成。

13. 溢流阀在液压传动系统中起维持________压力稳定的作用，当溢流阀进油口压力低于调整压力时，阀口是________的，溢流量为________；当溢流阀进油口压力等于调整压力时，阀口________，溢流阀开始________。

14. 顺序阀是利用系统内压力的变化，对________的动作顺序进行自动控制的阀。按结构和工作原理不同，顺序阀可分为________式和________式两种。

15. 节流阀节流口的主要形式有________、________、________和________等。

16. 减压阀的减压原理是利用压力油通过________降压，使________低于________，并保持出油口压力为________。

17. 流量控制阀在系统中依靠改变阀口的________来调节经过阀口的________，以控制执行元件________的快慢、________或________的长短等。

18．液压传动系统中常用的流量控制阀有__________和__________。

19．调速阀是将__________阀与__________阀串联组合而成的阀。

二、判断题（正确的在括号内打"√"，错误的打"×"）

1．换向阀的工作位置数称为"通"。（　）

2．溢流阀通常接在液压泵的出油口油路上。（　）

3．在常态下油路不通的液压元件称为常开型。（　）

4．溢流阀既能控制进油口压力，又能控制流量。（　）

5．如果把溢流阀当作安全阀使用，则系统正常工作时，该阀处于闭合状态。（　）

6．减压阀保持进油口的液体压力基本不变，而溢流阀保持出油口压力基本不变。（　）

7．顺序阀打开后，其进油口的油液压力可继续升高。（　）

8．顺序阀是利用不同的调定压力，使其具有不同的开启时间，以实现执行元件的顺序动作。（　）

9．调速阀适用于速度稳定性要求高的场合。（　）

10．减压阀出油口的压力液体直接通油箱，而溢流阀出油口的压力液体通系统。（　）

11．不工作时减压阀的阀口常开，溢流阀的阀口常闭。（　）

三、选择题（将正确答案的序号填在括号内）

1．中、高压，大流量的场合应采用（　）溢流阀。

A．先导式　B．直动式　C．均可

2．下列关于减压阀的说法中，正确的是（　）。

A．常态下阀口是常闭的　B．能保证进油口压力基本不变

C．不能作为稳压阀　D．能保证出油口压力基本不变

3．下列关于顺序阀的说法中，正确的是（　）。

A．泄油口需单独接油箱　B．出油口接油箱

C．内部泄漏可以通过出油口流出　D．出油口压力可以保持恒定

4．溢流阀工作时，阀口是（　）的，液压泵的工作压力取决于溢流阀的调定压力且基本保持恒定。

A．打开　B．关闭　C．不确定

5．图7－11所示符号表示（　）电磁换向阀。

A．三位四通　B．四位三通

C．三位二通　D．O型

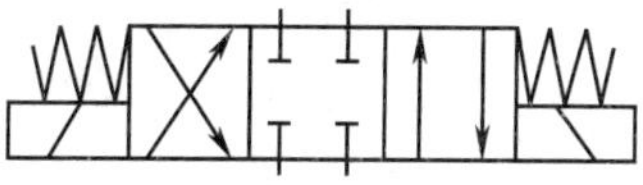

图7－11

6. 若系统采用三位四通换向阀中位进行卸荷，则该换向阀的中位机能应选择（　　）。

A. O 型阀　　　　B. M 型阀

C. P 型阀　　　　D. Y 型阀

7. 为使三位四通换向阀在中位工作时能使液压缸闭锁，应采用（　　）。

A. O 型阀　　　　B. P 型阀　　　　C. Y 型阀

8. 若要系统保压，三位四通换向阀的中位机能为（　　）。

A. X 型阀　　　　B. H 型阀

C. M 型阀　　　　D. O 型阀

9. 下列图形符号中，表示溢流阀的图形符号是（　　），表示减压阀的图形符号是（　　），表示节流阀的图形符号是（　　）。

A.　　　　B.　　　　C.

D.　　　　E.

10. 流量控制阀用来控制液压传动系统工作的流量，从而控制执行元件的（　　）。

A. 运动速度　　　　B. 运动方向

C. 压力　　　　D. 功率

11. 在不考虑压力损失时，图 7－12 所示系统的最大压力取决于（　　）。

A. 液压泵的输出压力　　　　B. 溢流阀的调定压力

C. 外负载　　　　D. 液压缸中油液的流量

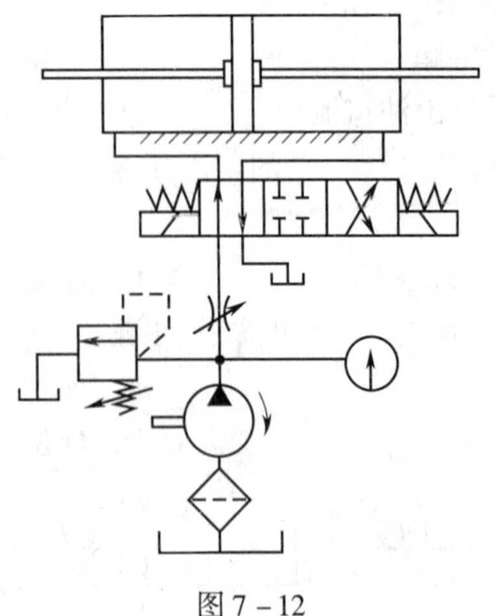

图 7－12

12. 液压传动系统的最大工作压力为 10 MPa，则安全阀的调定压力应（　　）10 MPa。

A. 等于　　B. 小于　　C. 大于

13. 当阀口打开后，油路压力可继续升高的压力控制阀是（　　）。

A. 先导式溢流阀　　B. 直动式溢流阀

C. 顺序阀　　D. 减压阀

四、简答题

1. 液压控制阀的功能是什么？

2. 什么是换向阀的常态位？

3. 溢流阀、减压阀和顺序阀在下列各方面的区别分别是什么？试列表说明。

（1）图形符号。

（2）阀的控制油液的来源。

（3）阀口常态下的开启情况。

（4）泄油方式。

4. 图 7－13 所示的系统中，若在整个工作过程中，通过溢流阀的溢流量相等，则哪个活塞的运动速度快？为什么？

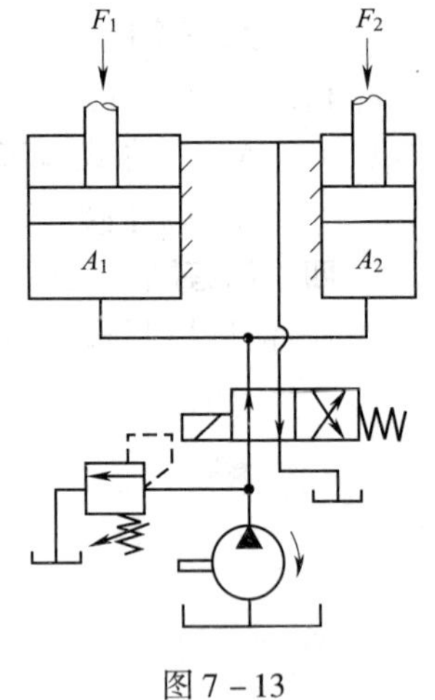

图 7－13

5. 图 7－14 所示的液压泵和液压缸之间加一个适当的换向阀，以满足下列要求：

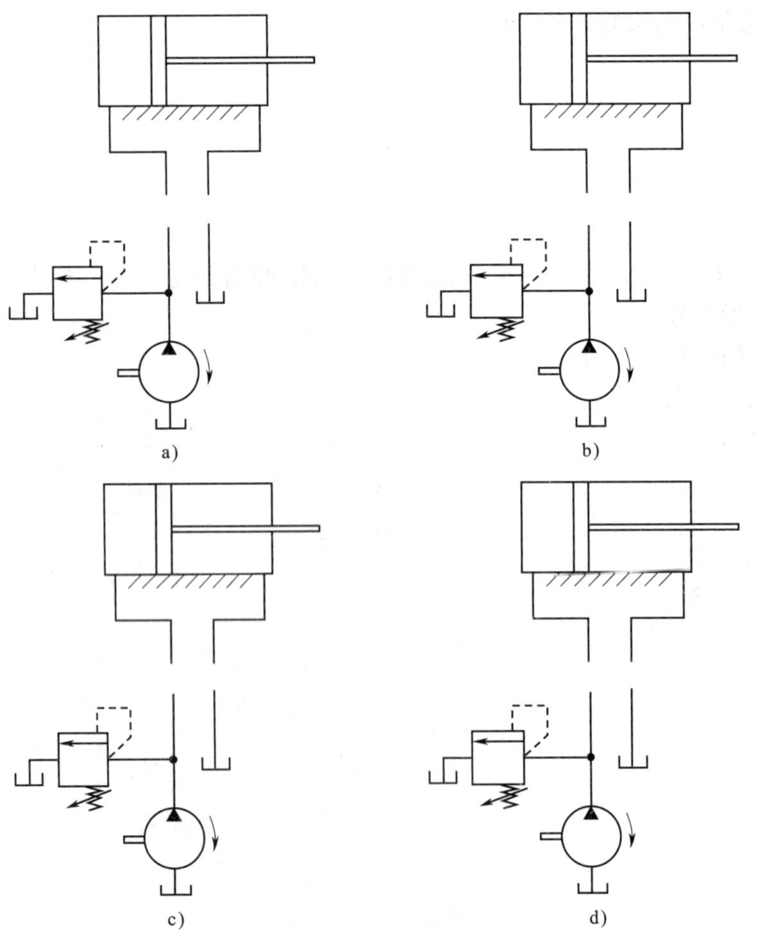

图 7－14

（1）图 7－14a 要求活塞能左、右移动，必要时能使活塞在任意位置上停止，并防止其窜动，此时要使液压泵卸荷。

（2）图 7－14b 要求活塞能左、右移动，必要时能使活塞处于浮动状态，液压泵处于卸荷状态。

（3）图 7－14c 要求活塞能左、右移动，必要时能使活塞在任意位置上停止，此时系统仍保持压力。

（4）图 7－14d 要求活塞能左、右移动，必要时能组成差动回路。

五、计算题

1．图 7－15 所示的系统中，溢流阀的调定压力为 5 MPa，减压阀的调定压力为 1.5 MPa，分析活塞在运动期间和碰到挡铁后管路中 *A*、*B* 处的压力值。

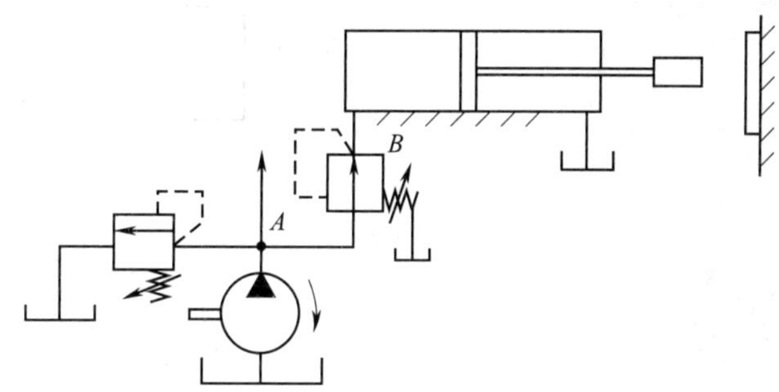

图 7－15

2. 图 7 - 16 所示的系统中，若已知 $F_1 = 1\ 500$ N，$F_2 = 5\ 000$ N，$A_1 = 5 \times 10^{-3}\ m^2$，$A_2 = 2.5 \times 10^{-3}\ m^2$，溢流阀开启压力为 3.5 MPa，不计压力损失。则：

（1）活塞 1 动作时，液压缸工作压力 p_1 为多大？

（2）活塞 2 动作时，液压缸工作压力 p_2 为多大？

（3）当换向阀电磁铁通电后，哪个活塞先动作？另一个活塞何时动作？溢流阀何时打开？

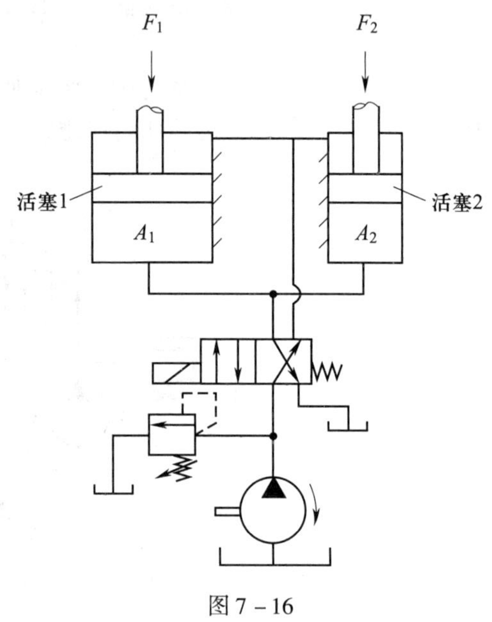

图 7 - 16

3. 图 7－17 所示回路中，溢流阀的调定压力为 5.0 MPa，减压阀的调定压力为 2.5 MPa。试分析下列各情况：

（1）当液压泵压力等于溢流阀调定压力时，夹紧液压缸夹紧工件后，*B*、*C* 点的压力各为多少？减压阀的开口状态如何？

（2）当液压泵压力由于工作液压缸快进，降到 1.5 MPa 时（工件原先处于夹紧状态），*A*、*C* 点的压力为多少？减压阀的开口状态如何？

（3）夹紧液压缸在夹紧工件前做空载运动时，*A*、*B*、*C* 点的压力各为多少？减压阀的开口状态如何？

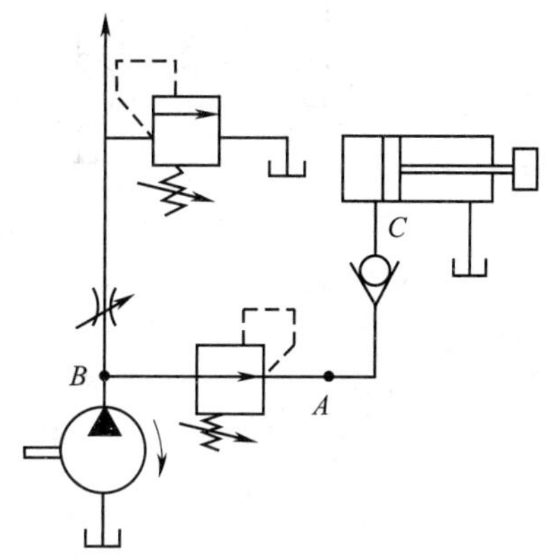

图 7－17

4. 图 7－18 所示的回路中，已知活塞运动时的负载 $F=1.2$ kN，活塞面积 $A=1.5\times10^{-3}$ m²，溢流阀调定值 $p_P=4.5$ MPa，两个减压阀的调定值分别为 $p_{J1}=3.5$ MPa 和 $p_{J2}=2$ MPa，如油液流过减压阀及管路时的压力损失可忽略不计，试确定活塞在运动时和停在终点位置时，A、B、C 三点的压力值。

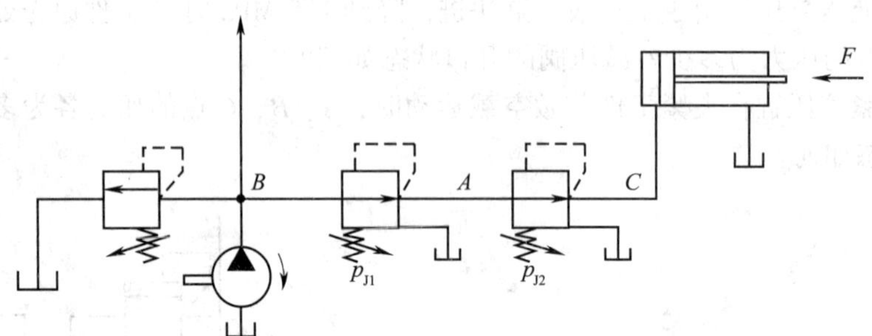

图 7－18

§7-5 辅助装置

一、填空题（将正确答案填写在横线上）

1. 液压传动系统的辅助装置包括__________、__________、__________及__________。

2. 油箱的作用是__________系统所需的油液，__________系统工作时产生的热量，沉淀__________并__________气体。

3. 油箱必须具有__________，同时结构应__________。

4. 过滤器的作用是将__________过滤掉。

5. 过滤器按所能过滤的颗粒大小不同，分为__________和__________两大类；按其滤芯的材料和过滤方式不同，分为__________、__________、__________和__________。

6. 压力表用于显示__________。

7. 油管用来连接__________、__________和__________。

8. 常用管接头形式有__________、__________和__________。

二、判断题（正确的在括号内打“√”，错误的打“×”）

1. 油箱只用来储存和供给系统用油。（　）
2. 安装于液压泵吸油口的过滤器常采用烧结式过滤器。（　）
3. 通常在液压泵的吸油口装粗过滤器，在压油口与重要元件前装精过滤器。（　）
4. 液压传动系统中的过滤器可以用来过滤空气中的杂质。（　）
5. 在液压传动系统中，不一定都需要辅助元件。（　）
6. 压力表是液压传动系统中的一种辅助元件。（　）

三、选择题（将正确答案的序号填在括号内）

1. 下列元件中，不属于液压传动系统辅助元件的是（　）。

A. 溢流阀　　B. 过滤器
C. 压力表　　D. 油箱

2. 下列元件中，不属于液压传动系统辅助元件的是（　）。

A. 油箱　　B. 管件
C. 过滤器　　D. 压力继电器

3. 下列选项中，（　）不是油箱的作用。

A. 散热　　B. 分离油中杂质
C. 沉淀污物　　D. 储存压力油

4. 在液压传动系统中，为方便装拆，一般用于高压系统中钢管连接的管接头应采用(　)。

A. 高压软管接头　　B. 焊接钢管接头
C. 卡套式管接头

§7－6 液压基本回路

一、填空题（将正确答案填写在横线上）

1. 液压传动系统都是由一些基本回路组成的，即由__________组成的并且有某一特定功能的__________。

2. 液压基本回路按功能不同分为_____________、_____________、_____________和_____________。

3. 方向控制回路的作用是控制执行元件_________、_________或_______________。

4. 锁紧回路可以使执行元件在__________上停留，并且停留后不会在__________下发生位移。

5. 压力控制回路是对__________或__________的压力进行__________的回路。常见的压力控制回路有__________、__________、__________等。

6. 速度控制回路是用来__________或__________执行元件__________的回路。常见的速度控制回路有__________和________________。

7. 调速回路是利用___________控制进入执行元件的___________来调节执行元件___________的回路。

8. 根据节流调速回路中节流阀的安装位置不同，节流调速回路可分为______________________、_________________________和_________________________。

9. 减压回路的作用是为__________或执行元件提供低于________________的稳定压力。

10. 在机械加工中，为了实现快进—工进—快退的工作循环，可以应用____________________回路。

11. 采用单向顺序阀的顺序动作回路，其顺序动作的可靠性在很大程度上取决于顺序阀的__________及其________________。

二、判断题（正确的在括号内打“√”，错误的打“×”）

1. 只用节流阀进行调速，就可使执行元件的运动速度保持平稳。（　　）

2. 采用液控单向阀的锁紧回路，一般锁紧精度较高。（　　）

3. 回油节流调速回路与进油节流调速回路的调速特性相同。（　　）

4. 系统压力主要靠溢流阀调定。（　　）

5. 压力控制回路中主要由溢流阀实现调压、减压和卸荷的功能。（　　）

6. 调速回路和速度换接回路都是用来调节或变换执行元件运动速度的回路。（　　）

7. 方向控制回路包括换向回路和锁紧回路。（　　）

8. 当液压传动系统中的执行元件停止工作时，一般应使液压泵卸荷。（　　）

三、选择题（将正确答案的序号填在括号内）

1. 液压传动系统中的执行元件是（　　）。

A. 电动机　　B. 液压泵
C. 液压缸　　D. 液压阀

2. 如个别元件需得到比主系统油压低得多的液压力，可采用（　　）。
A. 调压回路　　B. 锁紧回路
C. 减压回路　　D. 卸荷回路

3. 下列控制阀中，可用来卸荷的是（　　）。
A. 先导式溢流阀　　B. 先导式顺序阀
C. 先导式减压阀　　D. 节流阀

4. 下列关于卸荷回路的说法，正确的是（　　）。
A. 卸荷回路可使系统的压力近似为零
B. 卸荷回路不能利用换向阀来实现
C. 卸荷回路可使系统获得较高的稳定压力

5. （　　）节流调速回路可在负值负载下工作。
A. 进油　　B. 回油　　C. 旁路

6. 下列关于进油节流调速回路的说法，正确的是（　　）。
A. 有背压
B. 经节流阀而发热的油液不易散热
C. 活塞的速度稳定性好

7. 图 7－19 所示为（　　）回路。
A. 容积调速　　B. 减压
C. 回油节流调速　　D. 进油节流调速和调压

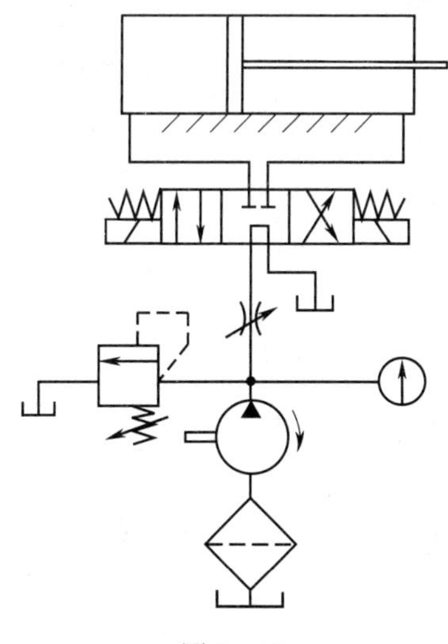

图 7－19

8. 下列选项中，属于压力控制回路的是（　　）。
A. 锁紧回路　　B. 卸荷回路　　C. 换向回路

9. 下列选项中，属于方向控制回路的是（　　）。

A．速度换接回路　　B．减压回路

C．锁紧回路　　D．调压回路

10．采用中位机能为 O 型或 M 型的锁紧回路可以锁住（　　）。

A．动力元件　　B．执行元件

C．控制元件　　D．以上都不对

四、简答题

1．简述进油节流调速回路和回油节流调速回路的主要特点。

2．图 7－20 所示的液压传动系统由哪几种液压基本回路组成？

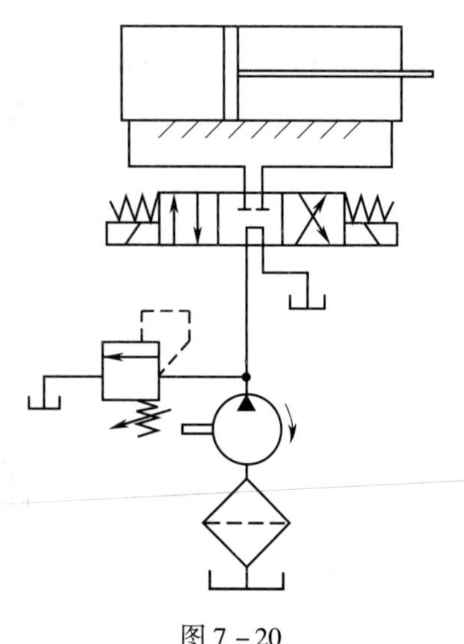

图 7－20

3. 图 7－21 所示的减压回路中，活塞在移动时和夹紧后，减压阀的进、出油口压力有什么变化?

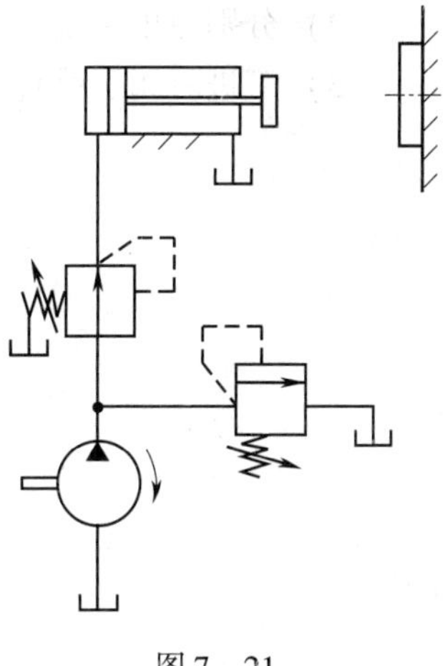

图 7－21

五、综合题

1. 图 7－22 所示的液压回路中，已知液压缸活塞的面积 $A_1=A_3=100\ \mathrm{cm}^2$，$A_2=A_4=50\ \mathrm{cm}^2$，负载 $F_1=14\ 000\ \mathrm{N}$，$F_2=4\ 250\ \mathrm{N}$，单向阀的开启压力为 0.15 MPa，节流阀上的压降 $\Delta p=0.2\ \mathrm{MPa}$，试求:

（1）A、B、C 各点的压力。

（2）若液压缸速度 $v_1=3.5\ \mathrm{cm/s}$，$v_2=4\ \mathrm{cm/s}$，求各液压缸的输入流量。

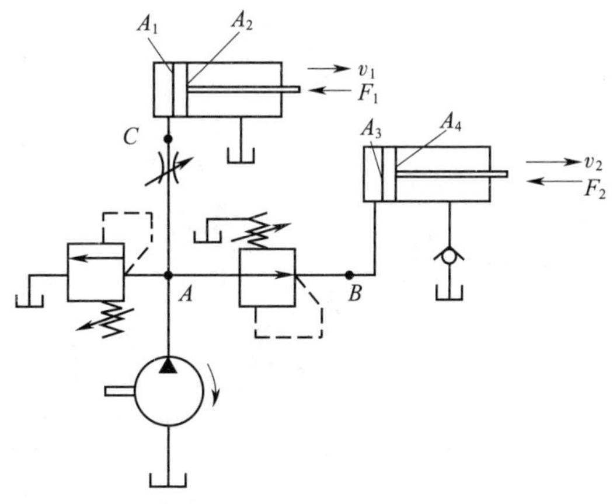

图 7－22

2. 读懂图 7－23 所示的液压传动系统图，并完成下列题目：

（1）写出各元件的名称。

（2）分别写出系统工进与快退时的进油路线和回油路线。

（3）工进时属于哪种调速回路？

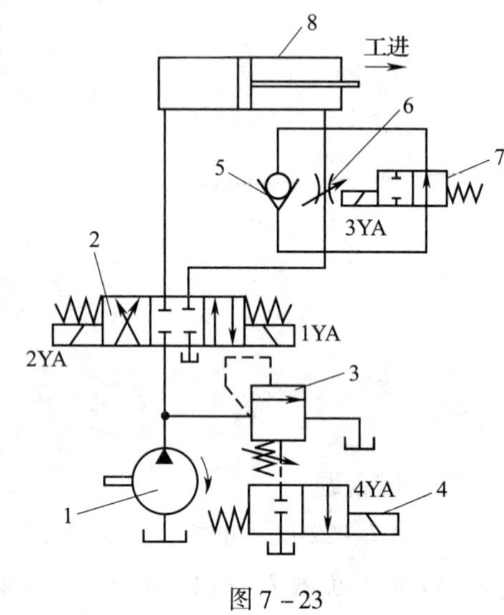

图 7－23

3. 读懂图 7－24 所示液压传动系统图，分析液压传动系统在图示位置时，液压泵和液压缸的工作状态，并列出电磁铁通断状态表。

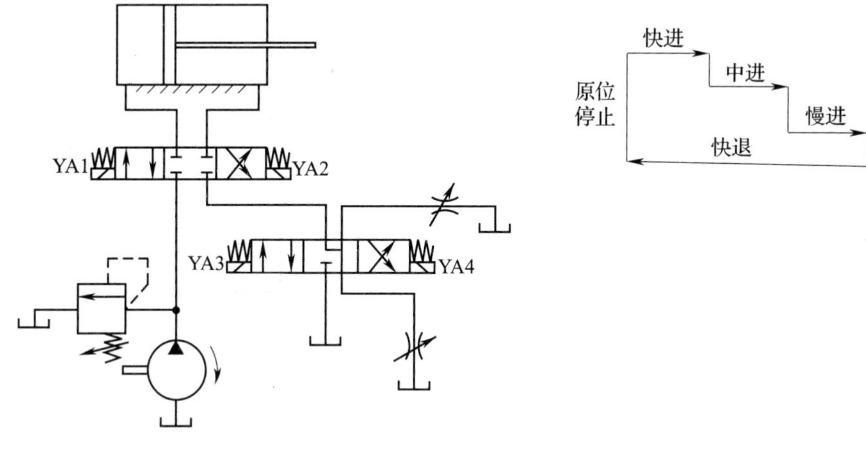

图 7－24

4. 用管路连接图 7－25 中的液压元件，组成能实现快进—工进—快退—停止卸荷工作循环的液压传动系统，并简述其工作过程。

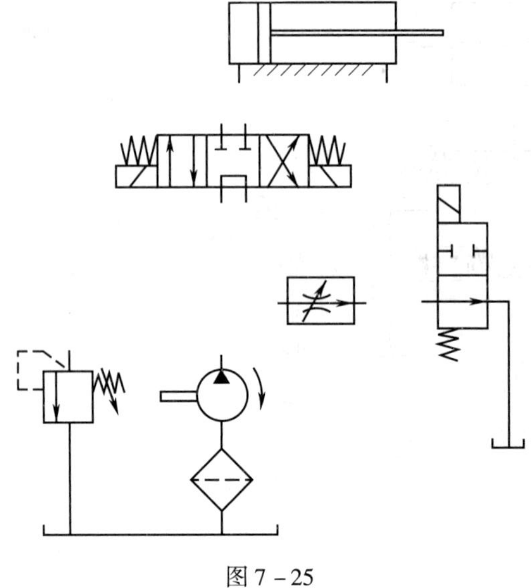

图 7－25

5. 利用下列液压元件组成卸荷回路：

（1）定量液压泵；

（2）二位二通电磁换向阀；

（3）三位四通电磁换向阀（滑阀机能为中间封闭）；

（4）溢流阀；

（5）双作用单杆液压缸；

（6）必要的辅助元件。

第八章　气 压 传 动

§8-1　概　　述

一、填空题（将正确答案填写在横线上）

1. 气压传动的工作原理是利用空气压缩机把电动机的__________转化为空气的__________，然后在控制下，通过执行元件把__________转化为__________，从而完成各种动作并对外做功。

2. 气压传动是以__________为工作介质进行能量传递的一种形式。

3. 气压传动系统主要由___________、___________、___________、___________和___________组成。

4. 为了表明湿空气中所含水分的程度，可用___________表示，它又分为___________和___________。

二、判断题（正确的在括号内打“√”，错误的打“×”）

1. 气压传动具有传递功率小、噪声大等缺点。（　　）

2. 气压传动能使气缸实现准确的速度控制和很高的定位精度。（　　）

3. 压缩空气具有润滑性能。（　　）

4. 气压传动有过载保护作用。（　　）

5. 气压传动不存在泄漏问题。（　　）

三、选择题（将正确答案的序号填在括号内）

1. 气压传动系统是以（　　）为工作介质的系统。

　A. 压缩空气　　B. 生活空气　　C. 油液

2. 空气压缩机是气压传动系统的（　　）。

　A. 执行元件　　B. 控制元件　　C. 气源装置

3. 气压传动中，由于空气的黏性小，因此（　　）远距离输送。

　A. 不能　　B. 便于　　C. 只能

4. 与液压传动相比，气压传动速度反应（　　）。

　A. 较慢　　B. 较快　　C. 一样

四、简答题

1. 简要说明气压传动系统各部分的作用。

2. 气压传动与液压传动相比具有哪些优缺点？

§8-2 气动元件

一、填空题（将正确答案填写在横线上）

1. 在气压传动中，一般常使用__________式空气压缩机。大多数空气压缩机是__________的组合。

2. 气源净化装置由__________、__________和__________组成。

3. 除油器的作用是分离并排除压缩空气中凝聚的__________、__________和__________等杂质。

4. 气动三联件由__________、__________和__________组成。

5. 单作用气缸只有一个方向的运动依靠压缩空气，活塞的复位靠__________或__________。

6. 气动马达是把压缩空气的__________转换成__________的装置。

7. 梭阀具有__________功能，当两个输入口中任何一个__________时，输出口就有输出信号。当两个输入信号不等时，梭阀输出__________。

8. 双压阀能实现__________功能，只有当两个输入口__________时，输出口才有输出信号。当两个输入信号不等时，双压阀输出__________，因此它还有__________作用。

9. 换向型控制阀根据控制方式不同分为__________、__________、__________和__________。

10. 压力控制阀按其控制功能分为__________、__________、__________。

11. 排气节流阀由__________和__________组合而成。

二、判断题（正确的在括号内打“√”，错误的打“×”）

1. 由空气压缩机产生的压缩空气一般不能直接用于气压系统。（ ）

2. 空气压缩机的工作原理与液压泵相似，通过吸气、排气向系统连续供气。（ ）

3. 除油器的作用是将空气中的水分、油分和灰尘等杂质分离出来，初步净化压缩空气。（ ）

4. 叶片式气动马达适用于高转矩、低转速的场合。（ ）

5. 气压传动中，用流量控制阀可以控制气缸运动速度、换向阀的切换时间和气动信号传递速度。（ ）

6. 气动马达与电动机、液压马达相同，均可实现回转运动。（ ）

7. 单向阀是用来控制气流方向的，使之只能单向通过。（ ）

8. 梭阀具有“逻辑与”功能，双压阀具有“逻辑或”功能。（ ）

9. 双压阀的两个输入信号不等时，输出压力相对高的一个。（ ）

10. 快速排气阀一般安装在换向阀之前。（ ）

11. 安全阀即溢流阀，在系统正常工作时处于常开的状态。（ ）

三、选择题（将正确答案的序号填在括号内）

1. 以下选项中，不是储气罐作用的是（ ）。

A. 稳定压缩空气的压力　　B. 储存压缩空气

C. 分离油水杂质　　D. 滤去灰尘

2. 以下选项中，不属于气源净化装置的是（ ）。

A. 后冷却器　　B. 减压阀

C. 除油器　　D. 储气罐

3. 要分离压缩空气中的油雾，需要使用（ ）。

A. 排水过滤器　　B. 减压阀

C. 油雾器　　D. 除油器

4. 气压传动中，（ ）是特殊的注油装置。

A. 排水过滤器　　B. 减压阀

C. 油雾器　　D. 除油器

5. 气动三联件的正确安装顺序为（ ）。

A. 油雾器→排水过滤器→调压阀

B. 调压阀→油雾器→排水过滤器

C. 排水过滤器→调压阀→油雾器

D. 排水过滤器→油雾器→调压阀

6. 以下选项中，不属于方向控制阀的是（ ）。

A. 梭阀　　B. 双压阀

C. 快速排气阀　　D. 排气节流阀

7. 气动系统的调压阀通常是指（ ）。

A. 溢流阀　　B. 节流阀

C．减压阀　　　　D．顺序阀

四、简答题

1．简述活塞式空气压缩机的工作原理。

2．气源装置是由哪几部分组成的？各自的作用是什么？

3．为什么空气压缩机出口处需要安装后冷却器？

4．气动三联件中的每个元件分别起什么作用?

5．简述直动式调压阀的工作原理。

6．快速排气阀为什么能快速排气?它一般安装在什么位置?

§8－3　气动基本回路

一、填空题（将正确答案填写在横线上）

1. 气动基本回路按功能不同，可以分为________、________、________和其他常用基本回路。

2. 利用________可以构成各种换向控制回路。

3. 速度控制回路是利用________来改变进排气管路的通流面积以实现速度控制的。

4. 压力控制回路的主要作用是对________________进行控制和调节。

5. 在二次压力控制回路中，从空气压缩机出来的压缩空气________，供给气动设备使用，通过调节________就能获得所需的工作压力。

6. 利用气液转换器的速度控制回路，充分发挥了气压传动系统________和液压传动系统________的特点。

7. 当系统工作时既要求工作平稳，又要求有很大的推力时，可用________回路。

8. 往复动作回路有________和________两种。

二、判断题（正确的在括号内打“√”，错误的打“×”）

1. 进口节流调速回路能承受负值负载。（　　）

2. 利用气液转换器的速度控制回路，活塞能得到平稳、易控制的运动速度。（　　）

3. 单作用气缸换向回路在进气回路中串联一个二位二通换向阀可使气缸在行程中任意位置停止。（　　）

4. 二次压力控制回路主要用于使储气罐送出的气体压力不超过规定压力。（　　）

5. 利用气液转换器的速度控制回路，就相当于把液压传动转换为气压传动。（　　）

三、选择题（将正确答案的序号填在括号内）

1. 需间或输出低压或高压两种压缩空气，应采用（　　）控制回路。

A. 一次压力　　B. 二次压力　　C. 高低压转换

2. 在锻压、冲压设备中为了避免误动作，气动回路常采用（　　）回路。

A. 过载保护　　B. 双手操作　　C. 气液联动

四、简答题

1. 图 8－1a 所示为单作用气缸换向回路，图 8－1b 在此回路的基础上串联一个二位二通换向阀有什么作用？

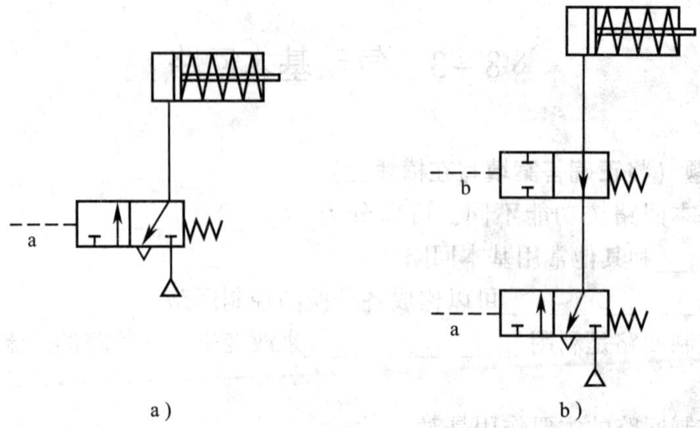

图 8－1

2. 图 8－2 所示为高低压转换回路，它是如何实现高低压切换的？

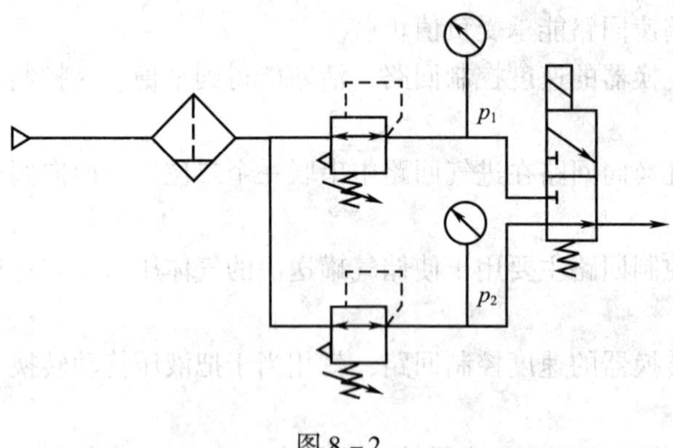

图 8－2

3．画出三种压力控制阀的图形符号，并分析它们有何区别，说明各有什么用途。

4．比较进口节流调速回路与出口节流调速回路的异同。

5．气液速度控制回路有什么特点？其关键元件是什么？

6. 分析图 8－3 所示气动回路的工作原理，说明其有什么具体作用。

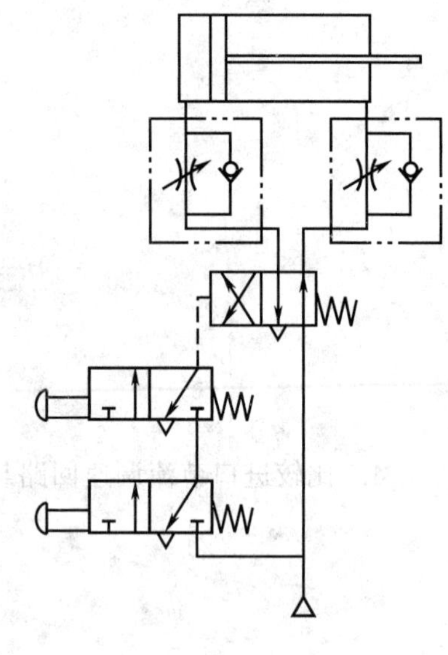

图 8－3

7. 单往复动作回路与连续往复动作回路有什么区别？连续往复动作回路若要停止工作应如何控制？

第九章　机械加工基础

§9－1　车　　削

一、填空题（将正确答案填写在横线上）

1. ________是在车床上利用工件的旋转运动和刀具的移动做进给运动，改变毛坯的___________，将其加工成所需零件的一种切削加工方法。

2. 车床的种类主要有________车床、___________车床、多轴自动及半自动车床、回轮（轮塔）车床、________车床、落地及________车床、仿形及多刀车床等。

3. 主轴箱固定在床身的________，箱内装有________部件和________变速机构。

4. 车床上的刀架用于装夹车刀并带动车刀做________、________、________和________运动。

5. 车削运动分为________运动和________运动。

6. CA6140 型车床的纵向进给速度共有________级。

7. 用以___________________的装置称为夹具。车床夹具分为________夹具和________夹具两类。

8. 常见的车床通用夹具有________、________、中心架、跟刀架等。

9. 卡盘分为___________卡盘和___________卡盘。

10. 当工件的两端均用顶尖装夹定位时，工件旋转可利用________和___________带动。

11. 顶尖按结构不同，可分为________顶尖和________顶尖；按安装位置不同，可分为________顶尖（安装在主轴锥孔内）和________顶尖（安装在尾座锥孔内）。

12. 常用车刀有___________、___________、___________、___________、___________、成形车刀和螺纹车刀等。

13. 车削的加工精度范围为 IT ____ ~ IT ____，表面粗糙度值为 Ra ____ ~ ____ μm。

14. 车削对工件的________、________、___________等有较强的适应性。

二、判断题（正确的在括号内打“√”，错误的打“×”）

1. 主轴右端有外螺纹，用以安装卡盘等附件；内表面是莫氏锥孔，用以安装顶尖。（　　）

2. 交换齿轮箱安装在车床右侧。（　　）

3. 更换交换齿轮箱内的齿轮，配合进给箱变速机构，可以车削各种导程的螺纹。（　　）

4. 尾座安装在床身导轨右端，可沿导轨横向移动。（　　）

5. 进给运动的速度较低，所消耗的功率也较少。（　）

6. 卡盘是利用螺栓连接在车床主轴上的。（　）

7. 四爪单动卡盘有很大的夹紧力，其卡爪可以单独调整。（　）

8. 三爪自定心卡盘特别适合装夹形状不规则的工件。（　）

9. 用车床主轴的卡盘和车床尾座上的后顶尖装夹工件时，可用于多次装夹，并且不会影响工件的定心精度。（　）

10. 鸡心夹头依靠其上的紧固螺钉拧紧在工件上，带动工件旋转。（　）

11. 车削加工的材料只能是各种钢材、铸铁、有色金属，不可以车削玻璃钢、夹布胶木、尼龙等非金属材料。（　）

12. 车削适合于加工各种内、外回转表面。（　）

13. 车刀结构简单，制造容易，刃磨及装拆方便。（　）

14. 车削的切削力变化大，切削过程不平稳，不利于高速切削和强力切削。（　）

三、选择题（将正确答案的序号填在括号内）

1.（　）车床应用最广泛。

A. 仪表　B. 卧式　C. 立式　D. 半自动

2. 电动机通过（　）传动，经主轴箱齿轮变速机构带动主轴转动。

A. 带　B. 齿轮　C. 链　D. 螺旋

3. 带动工件做旋转运动的是（　）。

A. 主轴变速箱　B. 交换齿轮箱　C. 进给箱　D. 溜板箱

4.（　）是进给传动系统的变速机构。

A. 主轴箱　B. 交换齿轮箱　C. 进给箱　D. 溜板箱

5. 车床的进给箱安装在床身的（　）。

A. 右后侧　B. 左后侧　C. 右前侧　D. 左前侧

6. 车床的（　）是纵、横向进给运动的分配机构。

A. 进给箱　B. 交换齿轮箱　C. 溜板箱　D. 主轴箱

7. CA6140 型车床的横向进给速度共（　）级。

A. 16　B. 32　C. 64　D. 80

8. 拨盘靠其上的（　）装在车床的主轴上，带动鸡心夹头旋转。

A. 螺纹　B. 锥体　C. 花键　D. 螺栓

9. 图 9－1 所示车刀为（　）。

图 9－1

A．90°车刀　　B．45°车刀　　C．75°车刀　　D．切断刀

10．用来切断工件或在工件上车槽的是（　　）。

A．切断刀　　B．90°车刀　　C．45°车刀　　D．75°车刀

11．用来车削工件的圆弧面或成形曲面的是（　　）。

A．成形车刀　　B．内孔车刀　　C．螺纹车刀　　D．切断刀

12．图 9－2 所示车刀为（　　）。

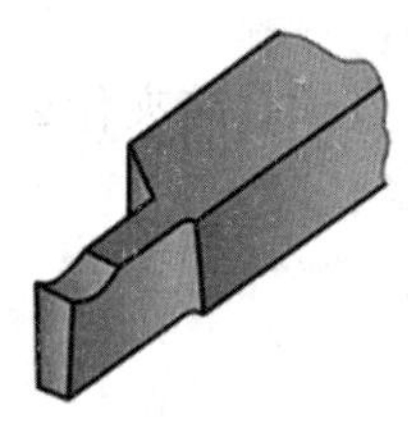

图 9－2

A．切断刀　　B．内孔车刀　　C．成形车刀　　D．螺纹车刀

四、简答题

1．什么是车床的主运动？其有何特点？车床的主轴可以实现几种转速？

2．什么是车床的进给运动？车床上的刀具可实现哪些运动？

3. 刀具的纵向或横向进给运动是如何实现的？

4. 三爪自定心卡盘有何特点？其适合装夹什么类型的零件？

5. 车削的加工范围主要有哪些？

§9－2 铣 削

一、填空题（将正确答案填写在横线上）

1. ________是在铣床上使用________________进行切削的一种加工方法，是加工平面和键槽的主要方法之一。

2. 铣削时的运动是以______________运动为主运动，以铣刀的________，或工件的________、________为进给运动。

3. 常用的铣床有______________铣床、______________铣床、______________铣床和__________铣床等。

4. 安装在 X6132 型卧式万能升降台铣床升降台上的工作台和横向溜板可分别做________移动和________移动。

5. X6132 型卧式万能升降台铣床适于加工中小型零件的________、________、________等。

6. X5032 型立式升降台铣床的主轴锥孔可直接或通过附件安装________铣刀、________铣刀、________铣刀、________铣刀等。

7. X5032 型立式升降台铣床适于加工各种较复杂中小型零件的________、________、________、________等。

8. 机用虎钳固定在机床________上，用来________工件进行切削加工。

9. 回转工作台主要用于在其圆工作台面上装夹中、小型工件，进行________分度和做________进给铣削回转曲面。

10. 万能分度头主要用于将装夹在顶尖间或卡盘上的工件进行____________、____________、直线移距分度。

11. 铣夹头安装于卧式铣床或立式铣床的____________，用来安装____________铣刀、____________铣刀等，用于铣削各种____________等。

12. 锥套用于安装____________铣刀、____________铣刀等。

13. 铣削加工中，工件的装夹方法可分为____________装夹、____________装夹、__________装夹、__________装夹四类。

二、判断题（正确的在括号内打“√”，错误的打“×”）

1. 铣削的主运动是工件的移动或转动。（ ）
2. X6132 型卧式万能升降台铣床的主轴轴线与工作台面垂直。（ ）
3. X6132 型卧式万能升降台铣床的升降台可沿床身导轨垂直移动。（ ）
4. X5032 型立式升降台铣床的主轴位置与工作台面平行。（ ）
5. 安装在 X5032 型立式升降台铣床升降台上的工作台只能做纵向移动。（ ）
6. 平口钳不适合装夹轴类零件。（ ）
7. 回转工作台用以装夹工件并实现回转和分度定位。（ ）
8. 铣刀杆安装于立式铣床主轴端。（ ）
9. 端铣刀盘只能安装于卧式铣床主轴端，不能安装于立式铣床主轴端。（ ）
10. 铣削时，切削力是恒定的，不会产生冲击或振动。（ ）
11. 铣削特别适合模具等形状复杂的组合体零件的加工。（ ）

三、选择题（将正确答案的序号填在括号内）

1. 使卧式铣床起立式铣床功用的是（ ）。

   A. 万能铣头 B. 回转工作台 C. 万能分度头 D. 铣夹头

2. （ ）安装于卧式铣床或立式铣床主轴端，用来安装端铣刀，铣削平面。

   A. 铣刀杆 B. 端铣刀盘 C. 铣夹头 D. 锥套

3. 铣刀杆用来安装（ ）。

   A. 端铣刀 B. 立铣刀 C. 键槽铣刀 D. 圆柱铣刀

4. 铣夹头用来安装（ ）。

   A. 直柄立铣刀 B. 锥柄立铣刀 C. 端铣刀 D. 圆柱铣刀

5. 铣削的经济加工精度一般为（ ）。

   A. IT5 ~ IT7 B. IT6 ~ IT8 C. IT7 ~ IT9 D. IT8 ~ IT10

四、简答题

1. 铣床主要由哪些结构组成？

2．万能分度头有什么作用？

3．铣削的加工范围主要有哪些？

五、综合题

1．在图 9－3 中注明各种铣床附件的名称。

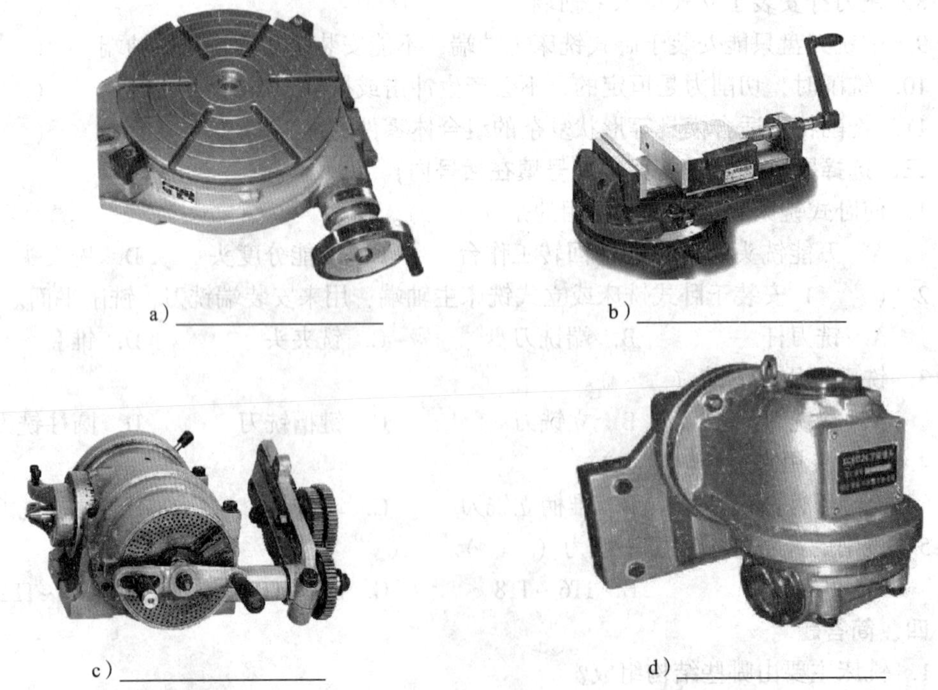

a）________　b）________

c）________　d）________

图 9－3

2. 在图 9－4 中注明各种铣刀的名称。

图 9－4

3. 在图 9－5 中注明铣削的工作内容。

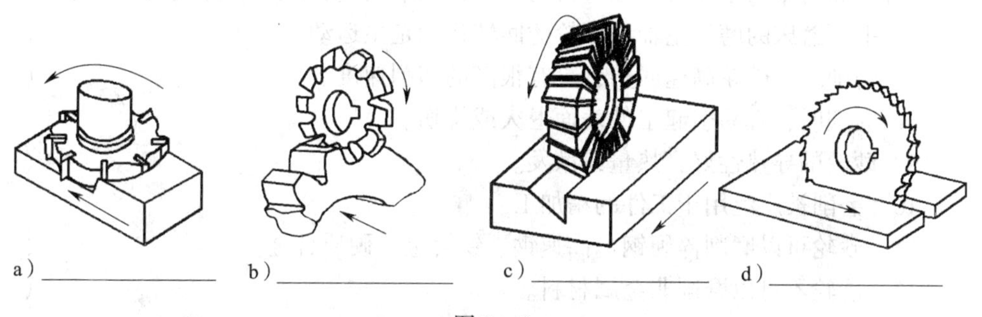

图 9－5

§9－3 磨 削

一、填空题（将正确答案填写在横线上）

1. 以________为磨具的普通磨削应用最为广泛。

2. 目前，生产中应用最多的磨床有________磨床、________磨床、________磨床和________磨床等。

3. 外圆磨床主要用于磨削________形和________形外表面。

4. 外圆磨床分为________外圆磨床、________外圆磨床、________外圆磨床等。

5. 万能外圆磨床主要由床身、________、________、________、________、

内圆磨头等部件组成。

6. 万能外圆磨床的床身上面有纵向导轨和横向导轨，分别为________和________的移动导向。

7. 万能外圆磨床的尾座套筒内装有________，用以支承工件。

8. 内圆磨头上装有____________，用来磨削内圆。

9. 常用的平面磨床按其砂轮轴线位置和工作台的结构特点，可分为____________平面磨床、____________平面磨床、____________平面磨床、____________平面磨床等。

10. 平面磨床的矩形工作台由________________实现纵向直线往复移动，利用撞块自动控制换向。

11. 平面磨床的进给运动包括__________的纵向进给运动以及__________的横向和垂直进给运动。

12. 砂轮由__________、__________和__________三部分组成。

二、判断题（正确的在括号内打"√"，错误的打"×"）

1. 万能外圆磨床的砂轮架可绕垂直轴线回转 -30°~30°。（ ）

2. 万能外圆磨床的头架用于实现工件的圆周进给。（ ）

3. 万能外圆磨床磨削外圆时，砂轮的回转运动为主运动；磨削内圆时，头架的回转运动为主运动。（ ）

4. 砂轮架的横向进给运动为步进运动。（ ）

5. 平面磨床的工作台上装有机用虎钳，用于固定、装夹工件或夹具。（ ）

6. 平面磨床的磨头主轴上砂轮的回转运动是主运动。（ ）

7. 磨削时，砂轮高速回转，具有很高的切削速度。（ ）

8. 磨削时，容易引起工件表面退火或烧伤。（ ）

9. 砂轮的导热性好，热量易散发。（ ）

10. 磨削被广泛用于工件的精加工。（ ）

11. 砂轮可以磨削淬硬钢、高速钢、钛合金、硬质合金。（ ）

12. 砂轮不可以磨削非金属材料。（ ）

13. 磨削在一次行程中所能切除的材料层较薄，切除效率较低。（ ）

三、选择题（将正确答案的序号填在括号内）

1. 万能外圆磨床的上层工作台可绕下层工作台中心线在水平面内顺（逆）时针各回转（ ）。

A. 3°　　B. 5°　　C. 6°　　D. 9°

2. 下列运动中，不属于万能外圆磨床的磨削进给运动的是（ ）。

A. 砂轮的轴向、径向移动　　B. 工件的回转运动

C. 砂轮的回转运动　　D. 工件的纵向、横向移动

3. 万能外圆磨床头架可绕垂直轴线逆时针回转（ ）。

A. -10°~90°　　B. 0°~90°　　C. 0°~180°　　D. 90°~180°

4. 平面磨床中，（ ）平面磨床应用最广。

A. 卧轴矩台　　B. 立轴矩台　　C. 卧轴圆台　　D. 立轴圆台

5. 一般磨削的砂轮切削速度可达（　　）m/s。

A. 25　　B. 35　　C. 45　　D. 55

6. 磨削的经济加工精度一般为（　　）。

A. IT4 ~ IT5　　B. IT5 ~ IT6　　C. IT6 ~ IT7　　D. IT7 ~ IT8

7.（　　）砂轮用于外圆、内圆、平面、无心磨削以及刀具刃磨和螺纹磨削。

A. 平形　　B. 筒形　　C. 杯形　　D. 薄片

8. 立式平面磨床上磨削平面应选用（　　）砂轮。

A. 平形　　B. 筒形　　C. 杯形　　D. 碗形

四、简答题

1. 什么是磨削？磨削的主要加工内容有哪些？

2. 磨削加工有哪些工艺特点？

3. 什么是砂轮的自锐作用？

§9 - 4　刨　　削

一、填空题（将正确答案填写在横线上）

1. 刨削是________相对工件做________方向相对直线往复运动的切削加工方法。

2. 刨床分为________刨床、________刨床等，其中最为常见的是________刨床。

3. 牛头刨床由床身、________、________、________、工作台等主要部件组成。

4. 刨削可以加工平面（水平面、垂直面、斜面）、________、________、________等。

5. 刨削的加工精度通常为__________，表面粗糙度值为 Ra __________μm；采用宽刃刀精刨时，加工精度可达__________，表面粗糙度值为 Ra __________μm。

二、判断题（正确的在括号内打“√”，错误的打“×”）

1. 刨削时，刨刀承受较大的冲击力，因此其截面尺寸一般为车刀的 1.25 ~ 1.5 倍。（　　）

2. 刨刀采用弯头结构，是为了避免“扎刀”和回程时损坏已加工表面。（　　）

3. 由于刨削过程中无进给运动，因此刀具的切削角不变。（　　）

4. 由于刨床结构简单，且刨刀制造和刃磨较容易，价格低廉，所以刨削生产成本较低。（　　）

5. 刨削的生产效率较高。（　　）

三、选择题（将正确答案的序号填在括号内）

1. 刨削的主运动为（　　）。
   A. 刨刀在垂直于主运动方向的间歇移动　B. 工作台的横向移动
   C. 刨刀的直线往复运动　D. 电动机的回转运动

2. 关于刨削加工，下列说法错误的是（　　）。
   A. 由于刨削过程中无进给运动，所以刀具的切削角不断变化
   B. 刨刀为多刃刀具，制造和刃磨较困难，价格昂贵
   C. 刨刀切入和切离工件时有冲击负载，因而限制了切削速度的提高
   D. 刨削生产成本较低

3. 刨削加工时，刨刀对工件的切削是（　　）。
   A. 连续的　B. 间歇的，但无冲击
   C. 不连续的，且有冲击

四、综合题

在图 9 – 6 中注明刨削的工作内容。

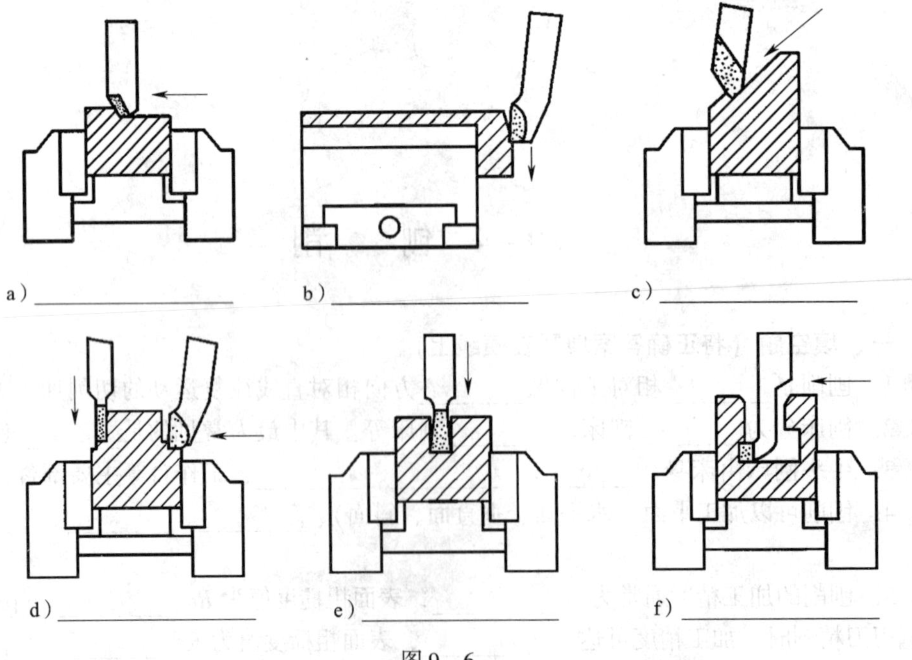

图 9 – 6

§9－5 镗 削

一、填空题（将正确答案填写在横线上）

1. 镗削是一种用刀具扩大________________的切削工艺，镗刀旋转做______运动，工件或镗刀的移动做______运动。

2. 镗床可分为______镗床、______镗床、______镗床和______镗床等。

3. TPX6111B 型卧式铣镗床由______、______、______、______、______、______等组成。

4. TPX6111B 型卧式铣镗床的移动部件之间均有电—液互锁关系，只允许有一个移动部件______，而其他部件自动______。

5. 镗刀可分为______镗刀和______镗刀两类。

二、判断题（正确的在括号内打“√”，错误的打“×”）

1. 镗削时，镗刀只能做旋转运动。（ ）
2. 镗削时，工件和镗刀都可以移动。（ ）
3. TPX6111B 型卧式铣镗床能镗削较大尺寸的孔。（ ）
4. 卧式铣镗床不能用于加工外圆。（ ）
5. TPX6111B 型卧式铣镗床的工作台能进行纵向、横向移动，并能实现 360°回转运动。（ ）
6. TPX6111B 型卧式铣镗床的调头镗孔精度较低。（ ）
7. 坐标镗床是一种高精度机床，能实现工件和刀具的精密定位。（ ）
8. TX4163C 型单柱坐标镗床刚度较差，特别适于加工板状零件的精密孔。（ ）

三、选择题（将正确答案的序号填在括号内）

1. 镗削时，工件被装夹在（ ）上。
   A. 主轴　B. 工作台　C. 上滑座　D. 平旋盘
2. TX4163C 型单柱坐标镗床采用（ ）点支承。
   A. 三　B. 四　C. 六　D. 八
3. 镗刀最常用的场合就是加工（ ）。
   A. 平面　B. 外圆　C. 内孔　D. 沟槽
4. 浮动镗刀适用于（ ）。
   A. 轴的粗加工　B. 轴的精加工　C. 孔的粗加工　D. 孔的精加工

四、简答题

1. 卧式铣镗床有何特点？

2. 坐标镗床适合加工什么类型的零件？

3. 镗削的加工范围有哪些？

4. 镗削有什么工艺特点？

五、综合题

在图 9－7 中注明镗削的工作内容。

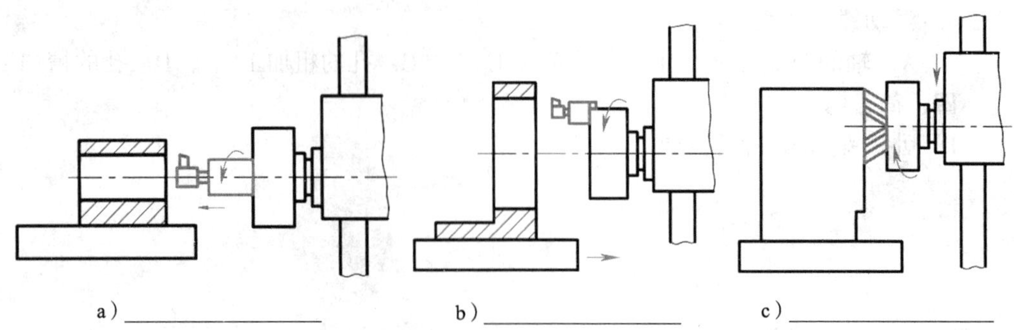

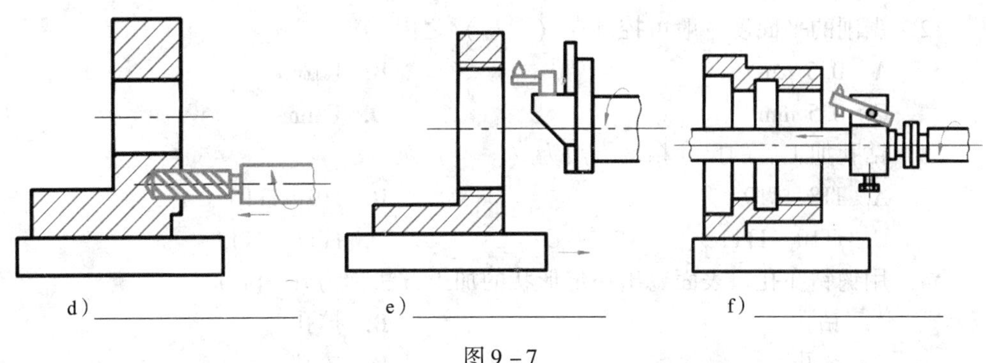

d）________ e）________ f）________

图9－7

§9－6 钳 加 工

一、填空题（将正确答案填写在横线上）

1. 錾削主要用于去除毛坯上的________、分割________、錾削________及________等。

2. 锉削精度可达________mm，表面粗糙度值可达 *Ra* ________μm。

3. 钻床是主要用________在工件上加工________的机床。通常钻头旋转为________运动，钻头轴向移动为________运动。

4. 钻床可钻________孔、________孔，更换特殊刀具后可________孔、________孔、________孔或攻螺纹。

5. 钻床分为________钻床、________钻床和________钻床。

6. 常用的铰刀有________整体圆柱铰刀和________整体圆柱铰刀。

7. 用丝锥在孔中加工出内螺纹的方法称为________。

8. 丝锥分为________丝锥和________丝锥两类。

9. 常用铰杠分为________铰杠和________铰杠两类。

二、判断题（正确的在括号内打“√”，错误的打“×”）

1. 錾削、锯削和锉削都是粗加工方式。（ ）

2. 锉削一般是在錾、锯之后对工件进行的精度较高的加工。（ ）

3. 钻削加工过程中工件可以上下移到。（ ）

4. 通常钻削 ϕ13 mm 以上的孔时，选用直柄麻花钻；钻削 ϕ13 mm 以下的孔时，选用莫氏锥柄麻花钻。（ ）

5. 扩孔精度比钻孔精度高。（ ）

6. 钻头是精度较高的多刃刀具，具有切削余量小、导向性好、加工精度高等特点。（ ）

7. 用板牙在圆杆上加工出外螺纹的方法称为攻螺纹。（ ）

三、选择题（将正确答案的序号填在括号内）

1. 不便于机床加工的沟槽及油槽应采用（ ）方法加工。

A. 錾削　　B. 锯削　　C. 锉削

2. 锯削的平面度一般可控制在（　　）之内。

A. 0.5 μm　　B. 1 μm

C. 0.5 mm　　D. 1 mm

3. 钻孔加工后的尺寸精度一般为（　　）级。

A. IT8 ~ IT9　　B. IT9 ~ IT10

C. IT10 ~ IT11　　D. IT11 ~ IT12

4. 用锪钻在孔口表面锪出一定形状的加工方法称为（　　）。

A. 钻孔　　B. 扩孔

C. 锪孔　　D. 铰孔

四、简答题

1. 简述錾削、锯削和锉削的概念。

2. 简述锉削的应用范围。

3. 孔加工的方法有哪几种？其概念分别是什么？

4. 在板牙圆周上开 V 形槽的作用是什么？

§9－7 数控加工

一、填空题（将正确答案填写在横线上）

1．数控机床主要由____________、____________、____________、____________和机床主体等部分组成。

2．数控装置由____________、________________和____________构成。

3．伺服系统由____________和____________组成，是数控系统的____________。

4．伺服系统分为________伺服系统和________伺服系统。

5．数控机床主体主要包括________、________、________________等机械部件，还有____________、____________、____________等辅助装置。

6．数控车床主要用于____________工件的加工。

7．数控铣床主要用于各种复杂的________、________和壳体类零件的加工。

8．加工中心可连续完成________、________、________、________、攻螺纹等多种工序的加工。

二、判断题（正确的在括号内打“√”，错误的打“×”）

1．数控装置通常是一台带有专门系统软件的专用计算机。（　　）

2．伺服系统本身的性能直接影响整个数控机床的精度和速度。（　　）

3．伺服系统相当于普通机床的刻度盘和人的眼睛。（　　）

4．利用数控机床进行生产时，若要更换产品，只需要改变数控装置内的加工程序、调整有关的数据就能满足新产品的生产需要。（　　）

5．数控机床的切削速度高，有效节省了基本作业时间。（　　）

6．数控铣床无法进行钻孔、扩孔、铰孔、攻螺纹、镗孔等加工。（　　）

三、选择题（将正确答案的序号填在括号内）

1．数控机床的核心是（　　）装置。

A．伺服　　B．数控　　C．测量反馈　　D．检测

2．中小型数控机床的定位精度可达（　　）mm。

A．0.5　　B．0.05　　C．0.005　　D．0.000 5

3．（　　）备有刀库，具有自动换刀功能，是对工件一次装夹后进行多工序加工的数控机床。

A．数控车床　　B．数控铣床　　C．数控磨床　　D．加工中心

四、简答题

1．数控机床中，数控装置的作用是什么？

2. 数控机床中，伺服系统的作用是什么？

3. 数控机床中，测量反馈装置的作用是什么？

4. 简述数控机床的工作过程。

5. 简述数控机床的特点。

6. 简述数控电火花成形机床的工作原理和用途。

7. 简述数控线切割机床的用途。